MINI HABITS
for Weight Loss

微习惯
瘦身篇

[美] 斯蒂芬·盖斯（Stephen Guise） 著

周天习 译

上海文化出版社

前言　微习惯和一个俯卧撑

> 成功很简单，就是在正确的时间以正确的方式做正确的事。
> ——美国专栏作家阿诺德·H. 格拉佐（Arnold H. Glasow）

改变我人生的那一天

我喜欢做最轻松、最好玩的事，即使这些事有时会让我的生活变得不太健康，而且我知道，肯定有人和我一样。

只顾一时快乐而做一些不该做的事的毛病一直让我很懊恼，让我无法成为自己想成为的样子，但我找到了一个解决办法。没有任何夸张的意思，2012年12月28日永远改变了我的生活。

事情是这样的。当时距离2012年结束还有三天，我坐在床上，想做出一些改变，或者更确切地说，我希望我能坚持健身。这件事我一直没能坚持下去，每次运动一两个星期就会中断。原因各种各样，反正总是有借口。

我不喜欢定下新年计划并一定要从1月1日开始执行的做法，所以我决定从那一天起就做出改变，从在家里运动30分钟开始。然后问题来了：我做不到。我感觉懒洋洋的、没有动力，感觉自己身材很糟糕，甚至只是想想要去运动这件事，我都感到很抗拒，什么激发动力的办法都没有用。我以前遇到过这种情况，但这一次，我最近读过的一本书给我出了个主意。

那个月初，我读了迈克尔·米哈尔科（Michael Michalko）的《米哈尔科商业创意全攻略》（Thinkertoys），米哈尔科在书中介绍了许多用来解决问题的创意工具，其中一个叫"假面具"，就是去反向思考问题。举一个简单的例子，如果你想建一个水上乐园，那么反向思考的结果就是建一个沙漠主题乐园。反向思考本身不一定要多有创意，其目的是拓宽你的思路，让你看到更多可能性。

我当时想的是运动30分钟，但我遇到了缺乏动力这个障碍，于是我想试试"假面具"这个办法，看能不能解决问题。既然我认为30分钟的运动量太大，很难完成，那么对立面应该是很容易做到的事，比如，就做一个俯卧撑。

我自己都觉得这个想法简单得可笑。

米哈尔科先生，谢谢您对我微乎其微的帮助，您的小窍门好像没什么用！

一个俯卧撑？我的心情可能是挺低落的，但还没低落到这个程度。最后，出于自嘲和依然未能激发动力的沮丧，我决定去试一试。

如果我不能完成30分钟的运动，那我就去做一个俯卧撑好了。不错嘛，斯蒂芬，你能做一个俯卧撑，现在你的梦想一定能实现。

当我俯身趴在地上，关节咯吱作响，胳膊绵软无力，我的身体叫嚣着让我回到沙发上……但我只要做一个俯卧撑就行了，于是我做了，而这个俯卧撑从此改变了我的生活。

既然还保持着俯卧撑的姿势，只做一个好像有点傻，于是我又做了几个，然后站了起来。就在这一刻，我突然觉得挺有意思，这和我原本打算做的那 30 分钟运动不是一样的吗？我已经达到并超出了一个俯卧撑的目标，也完成了热身，于是我又定了几个小目标，最后一共做了 50 个俯卧撑。接着，用同样的方法，我抓住做引体向上用的杆做了引体向上。锻炼了 20 分钟后，我开始面对最后的挑战。

我想做 10 分钟的腹部运动，然后结束今天的锻炼，但我的大脑像一个专业飞碟射击手一样，一枪否决了我的想法：斯蒂芬，你今天已经运动够了，到此为止，快去打游戏吧。

我心里的抗拒感依然很强烈，但我学东西是很快的。我立刻用上了我刚获得的秘密武器，同时确保自己赞美了潜意识（也就是抗拒感的源头）。我的内心活动大概是这样的：

1. 噢，伟大的潜意识，我绝对不敢做 10 分钟的腹部运动，但是你介意我只把垫子铺开吗？

2. 噢，传奇般的大脑，既然垫子已经铺好了，我能坐上去吗？

3. 噢，至高无上的脑袋，我去搜个腹部运动的视频，然后点"播放"，总不会有什么问题吧？

搞定了！10 分钟后，我的腹部肌肉酸爽无比，我坐在床上，捧起一杯水一饮而尽，心想：**之前无法完成的 30 分钟运动，现在一个**

俯卧撑竟然就让我慢慢完成了。惊讶和喜悦让我的大脑快爆炸了。我克服了从来未能克服的障碍。之前总是以失败告终，但这一次，我成功了。这对我的未来意味着什么呢？

从那天开始，我发誓每天至少要做 1 个俯卧撑。我承认，在接下来的六个月里，我有两天没能完成目标，但其余的日子我每天都做了至少 1 个俯卧撑。有时候，这个俯卧撑会像第一次那样，一下子点燃我的兴致，让我最后做完一整套运动；其他时候，我只做 5 个或 10 个；只有少数情况下，我只做了 1 个来完成任务。

美丽的惊喜

一个小小的俯卧撑变成一整套运动和额外的锻炼，这已经是一个惊喜，随后我又发现了更大的惊喜 —— 我对运动的抗拒情绪底线大大降低了。想到要去锻炼身体，我不再感到抗拒。为什么要抗拒？运动已经成了我生活的一部分，我每天都要或多或少运动一会儿。这时我知道，可以进行下一步了。

每天做一个俯卧撑，持续了大概六个月后，我开始去健身房。直到今天，除非外出旅行、生病、受伤的情况，每周我都会去几次健身房，抗拒情绪已经不再是一个障碍了。

当一个俯卧撑发展为去健身房的习惯后，它带来的改变让已经倍感惊喜的我目瞪口呆（你们要是看了我的对比照片就明白了）。我利用一个小举动实现了巨大的改变，这让我知道，我也可以利用类似行为来改进生活的方方面面。我立刻定下目标，每天读两页书，写50个字，之后，我的阅读量和写作量猛增。我从前一年就开始考虑写一本关于个人发展的书，但一直未能定下主题，现在，我能确定了。

用每天50字的方法，我写了一本关于这个概念的书，叫《微习惯》。没错，我用微习惯策略写了一本《微习惯》。我写的时候灵感源源不断，我激动地想要告诉别人我的发现，但又害怕没人会读，或者没人会相信我。

因为这个理论听起来很荒谬，但我知道它确实有用。我搜集了关于习惯的养成、意志力和动力的各种资料，最后得出一个结论，"一个俯卧撑理论"看似荒谬，但其背后是有科学依据的！我更迫切地想要和人们分享这个发现，因为如果我能解释它是如何起作用的，人们可能就会相信我，然后自己去试试，从而改变自己的生活。《微习惯》在2013年12月22日出版，距离我第一次做那个改变了我生活的俯卧撑差不多一年。

幸运的是，很多人读了这本书。《微习惯》成了全球畅销书，在出版后两年内就卖出12.5万本，被译成十几种语言，荣登三个国家的励志类书籍销量榜首。这是我的第一本书，这本书的成功也反映了读者们实践的成功。他们读完这本书后，用书中的策略改变了自己的生活，然后分享给了其他人。

微习惯策略和99.9%的励志自助策略都不同，强调持续性高于一切。有些书正确地强调了持续性，但没有给出帮助读者实现持续性的有效策略。更重要的是,《微习惯》不只是告诉读者"要有持续性",也告诉读者持续性已经渗入微习惯策略的方方面面。

所有这些和瘦身有什么关系?它们的关系比我开始写这本书时以为的还要大。行为改变和生理改变的道理是共通的,阻碍我们改变行为的某些错误策略也会阻碍我们瘦身。比如,当人们强行限制热量摄入时,他们的体重总是会反弹,就像一个人强迫自己去实现宏伟的目标,结果还是回归原来的生活方式。

为什么要瘦身

体重超标不是罪过,不会降低你作为一个人的价值,但体重的确能影响你的健康,影响你进行和享受各种活动的能力。体重也能影响你的自信心和你生活中几乎所有方面。

如果你想瘦身,请为了你自己而减。不要因为你"应该更瘦一点"或者BMI指数一定要达到多少而去瘦身。世界上并没有"汝之BMI指数须在18.5 ~ 25"的规定。体重是一个非常粗浅、不全面的健康衡量标准,如果按BMI指数衡量,许多极为强壮、健美的人其实是体重超标甚至肥胖的。

当你说你想瘦身时,你真正希望的是能在陪孩子玩闹时不累得气喘吁吁,能在照镜子时感觉心情愉快,能让某个人在看到你时感到眼前一亮,能健康长寿,能提升生命的总体质量,或者单纯为了穿紧身裤好看。所有这些瘦身理由都没有问题,只要是为了你自己。

本书结构

本书分为两部分，第一部分阐述关于瘦身的内容，包括时下流行的瘦身方法，为什么这些方法没有用，大脑和身体如何自然发生变化，瘦身机制是怎样的以及最佳的瘦身方法是什么。

第二部分基于第一部分的结论，提出各种策略。我们首先要看的是瘦身的理想心态，应该如何从整体上看待瘦身？如何对待食物和健康？深入讨论过这些问题后，你将不仅对瘦身的最佳方法有了解，也会对瘦身的最佳思维模式有更清晰的认识。比如，你会知道加工食品是导致体重增加的一大原因，但你也不能直接抵制加工食品。

接下来，你就可以制订自己的微习惯计划了。对此，书中有详细、深入的指导，会帮你制订适合自己生活方式的计划。与节食不同，微习惯计划十分灵活，而且完全是为你量身定做。在你建立起你自己的微习惯计划后，我们会看看面对不同的情景可以采取哪些策略，比如如何应对假期、零食、诱惑、同辈压力、外出就餐和采购日用品的情况。

有些书会提供你瘦身餐的食谱，有些书会给你列出应该吃和禁止吃的食物清单，而这本书会教你怎样改变自己的行为，从而永久地减掉体重，这比世界上最好的食谱、最全的瘦身食物清单要有价值得多。只要能改变自己的行为，你就可以成为自己想成为的样子。

本书介绍的各种方法都有强大的力量，能帮助你做出改变，同时这些方法也极其简单，所有人都能做到。

目录

第二部分 瘦身策略

第一部分

瘦身知识

在开始之前，为了避免歧义，我们需要分清人们赋予"diet"一词的两个含义。

1. 食谱（名词）：经常提供或摄取的饮食

2. 节食（动词）：减少进食或只吃某些食物，以达到瘦身目的

每个人都有自己独特的食谱，但不是每个人都在节食。我之所以要强调这个词的定义，是因为不希望你觉得我自相矛盾，一边反对节食，一边建议你为自己量身定制有利于瘦身的食谱。节食意味着你在有意识地改变自己的饮食习惯，这是一种试图改变你的食谱并减重的特殊策略，可惜没什么效果。如果你认定某种食谱是理想的瘦身食谱，那么你并不一定要靠节食来做到这一点。

这本书并不是为那些无法坚持节食的人准备的。我将在这里介绍的是另一种更先进的策略，它和节食完全不同，比节食明智得多，成功率也更高。节食只是为了短期减重，而我们试图实现的是长期、切实的瘦身效果。

WEIGHT
LOSS

第 1 章

瘦身和节食的不幸婚姻

节食和排毒蔬果汁能有效增加体重。

等等……什么？

人们不是看不见解决办法，而是看不见问题所在。

——英国作家吉尔伯特·K. 切斯特顿（Gilbert K. Chesterton）

节食让我们发胖

做好心理准备，以下内容会让你大吃一惊。

1986 年，科学家试图弄清"悠悠球节食法"（yo-yo dieting）对新陈代谢的影响。这种方式的特点是体重反复增加和减少。为了模拟这种节食行为，科学家先限制后增加几只超重大鼠的热量摄入，然后重复这一过程，最后一共完成两轮节食。

第一轮节食过程中，几只大鼠的平均食物摄入量为控制组的50%，体重减轻了131克。然后科学家将食物量增加，等大鼠恢复瘦身前的体重后，再次将食物量减少到50%，进行第二轮瘦身，这一次大鼠减了133克。两次减掉的体重差不多，对吗？的确，但是减少或增加多少体重——一般节食者最关心的事情——并不是这次实验的重点，科学家关心的是，每轮瘦身中（在饮食完全相同的情况下），大鼠减掉一定量的体重需要多长时间。科学家想看看，如果悠悠球节食法改变了大鼠减少（或增加）体重的倾向，那么这种节食方式会如何影响大鼠的新陈代谢。实验表明，倾向确实有了极大的改变，但并非朝好的方向。

第一轮瘦身过程中，大鼠减掉131克用了21天，第二轮瘦身（饮食与第一轮相同）过程中，大鼠为减掉相近体重用了46天，是第一轮的2倍还多。体重增加方面的情况则更糟，第一轮瘦身后，大鼠用了 29 天恢复体重，第二轮瘦身后，只用了 10 天。

反复减少和增加体重的过程，让大鼠的身体对减肥的抵抗性增加了一倍多，对增重的倾向性增加了几乎两倍（以相同饮食条件下体重变化所需时间来衡量）。

体重的反复增加和减少提高了大鼠对食物的利用率，大鼠的身体对摄入的能量更加贪婪，尽可能多地把能量以脂肪的形式储存起来。这和想瘦身的人（或鼠）的目标正相反，却是身体面对饥饿和半饥饿状态的正常反应。如果你生活在饥荒频发的年代，这种对食物的高效利用可以救你的命。我们现在食物充足，而且还在人为地限制摄入量来瘦身，但如果体重反复增加和减少，身体依旧会减缓新陈代谢，避免燃烧过多热量，因为在身体看来，下一顿饭可能还没有着落。

这个实验是通过悠悠球节食法改变大鼠的新陈代谢，从而使体重更容易增加的诸多实验之一。好在只有老鼠是这样，和人类没什么关系，不然 30 年前就会有人告诉我们了，对吗？不，这种生物机制同样影响我们人类。

所有人都应该知道下面的数据，但并没有几个人知道。加州大学洛杉矶分校的研究人员查看了 31 项关于节食的长期调查的结果，发现 33% ~ 66% 的参与者在节食后增加的体重比他们在节食时减掉的还要多。这个数据看起来已经很惊人了，但实际情况很可能更糟。在实验结束多年后，研究人员进行跟踪调查，才得到了这个数据，但并不是所有人都给了反馈，你认为哪些人最不愿意报告自己的体重变化？当然是那些体重反弹最多并因此感到羞耻的人。

　　"因为一些方法上的问题，这些研究可能低估了节食的反作用，所有这些问题都让瘦身结果看上去比实际更成功、更持久。"

　　另一项为期三年的研究对约1.5万名9～14岁的儿童进行了调查，发现其中有过节食经历的孩子更容易变得暴饮暴食。凡是节过食的，无论男孩女孩，经常还是偶尔节食，都在停止节食后增加了更多体重。这已经算是对节食的第二次反击了（还是第四次？）。

　　另一项研究比较了双胞胎的情况，这很有趣，因为基因不再是影响因素了。科学家对4000多对芬兰双胞胎进行了长达25年的观察，发现其中有过（节食）瘦身经历的人比其基因相同的双胞胎兄弟姐妹增加了更多体重，而后来又尝试了几次瘦身后，他们的体重反弹得更厉害了。节食的双胞胎可能恰恰因为吃得少，身体反而渴望吃更多东西，以致体重增加。

　　在1944年的"明尼苏达饥饿实验"（Minnesota Starvation Experiment）中，36名男性志愿者在半饥饿状态下生活了24周。对此，一个最重要的观察结果就是，大多数志愿者变得抑郁，情绪低落。但至少他们的体重下降了，不是吗？是的。可以想见，他们的体重先是下降了，然后又涨了回来。

　　在那24周内，志愿者们每天只吃1600大卡的食物（这对成年男性来说远远不够）。他们的体重一开始的确下降了很多，但面对持续的能量不足，身体自然做出反应："前12周，志愿者们的体重平均每周减少1磅①，但到了后12周，虽然能量摄入依然不足，他们平均每周只减了0.25磅。"人体对食物的利用率提高了（还记得那些老鼠吗？），体重就会下降得越来越慢（密切关注自己腰围的人认为这不是什么好事，但实际上这是一种适应环境、保证生存的伟大机制）。

24周结束后，志愿者们可以尽情地吃，让体重恢复，结果他们一天能吃接近1万大卡的食物，这又是身体传达的什么信息呢？他们的身体如果能说话，应该会这样说："闹饥荒了！快多储存能量，越多越好，现在有东西吃，都塞进肚子里，然后变成脂肪储存起来，万一饥荒还没结束呢？"果不其然，志愿者们迅速恢复了实验开始前的体重，而且还胖了不少，他们的体重比起开始时增加了50%！

《瘦身达人》（The Biggest Loser）是美国一档热播的真人秀节目，收看观众达数百万，是至今最成功的真人秀节目之一。节目的主题就是，哪位选手在节目结束时能减掉最多体重？

你认为这档节目会用什么方法减重？是不是那种短期内能减掉两位甚至三位数的方法？这也就是我们前面所说的，每天长时间运动，严格控制热量，从而造成巨大能量缺口的方法。的确，这样是可以减重，但想想我们前面看到的那些实验，猜一猜这些选手在参加节目之时和节目结束之后发生了什么变化。

选手们在节目中狂减肥肉，有些选手甚至减了100多磅，那节

---

① 1磅约合454克。——译者注

目结束之后呢？

一项研究在节目结束后对14位获胜选手进行了为期六年的跟踪调查，发现除了一个人以外，其余所有人的体重都反弹了，其中四个人变得比参加节目前还胖。更糟的是，几乎所有人的新陈代谢率都变得极低，与他们的体重完全不符，比参加节目前还要低。一旦新陈代谢率变低，减肥会变得困难得多，而增加体重却完全不费劲。

这项研究结果于2016年5月发布，当时我看到《早安美国》（Good Morning America）节目在讨论它，主持人和嘉宾表现得就像几十年来我们从来不知道这个道理一样。我的第一反应是，我们为什么要故作惊讶？

30年前的大鼠实验已经告诉我们这个道理，大鼠实验再往前40年，明尼苏达饥饿实验证明的也是同一个道理。我们早就知道，如果一只动物处于半饥饿状态，它的新陈代谢率就会降低，饥饿感会增加，身体会尽量多地储存脂肪，让自己能活下去。这不仅是常识，而且是经科学证明的真理。

更糟的是，我们现在对瘦身抱着一种悲观态度，认为任何努力都是徒劳，因为每次减肥后体重都会反弹。但这是因为我们对瘦身的理解太狭隘，仿佛在说每次生火都会发生森林火灾（因为我们只会在干燥的森林里生火）。如果你的方法不对，那么结果自然哪次都不会好。

如果你想发胖，就去试试节食，去买那种保证让你在多少天内瘦多少磅的书，科学已经证明这些方法绝对能让你发胖。什么？你想变瘦？要是这样的话，你就需要不同的策略了。

假设你是悠悠球节食实验中的一只大鼠，亲身经历了反复节食给你带来的变化，然后有人告诉你，有一种让人轻断食的蔬果汁能让你10天瘦15磅，你会怎么回答？

假设你是明尼苏达饥饿实验的一位志愿者，你会用控制热量的方法来减掉因为控制热量而增加的体重吗？爱因斯坦不是也说过，人们一遍又一遍地做同样的事，却期望得到不同的结果吗？我们暂且不论明尼苏达实验中志愿者们受的那些苦，但他们在饿了好几个月后还能在那么短的时间内增加那么多体重，也实在让人感到震惊！也许你也体验过这种反复节食后的体重反弹，但你可能认为是别的地方出了问题，因为你以为节食是唯一的瘦身办法。

我们一定要明白，所有说自己正在节食的人，都很可能会恰恰因为节食而长胖。这不是某种观点，而是已经由数据证明的事实。短期瘦身的真正代价不是浪费时间、白费力气、暂时受苦，而是所有这些再加上体重增加。上述实验中的人和老鼠都是在一种"理想状态"下瘦身的 —— 有人控制他们的热量摄入，他们不需要去管自己的嘴 —— 但结果他们都变得更胖了。然而，很遗憾地告诉各位，控制热量依然是全世界最普遍的瘦身方法。

控制热量不是最主要的问题，只是"饮食瘦身法"造成的更大的问题的一部分。质量好、营养丰富还能让人瘦身后不反弹的食物有很多，但如果这么多人吃的都是健康、有营养的东西，为什么肥胖率还在持续上升呢？

很简单，瘦身的关键不在于你是吃蓝莓还是吃葡萄，是采取慢碳饮食（slow carb）、低碳饮食（low carb）、低热量饮食、原始人饮食（paleo）还是地中海饮食，也不在于你能否坚持健康饮食30天，而在于你采取了健康的生活方式之后能否长期坚持下去。一旦方法错了，你不仅会浪费时间，还会打乱身体的新陈代谢，破坏你对健康饮食的理解。（如果你已经出现了这些问题，你还可以用正确的策略来弥补，身体和大脑都有足够的自愈能力。）

那么，现在我们就来看看问题的根源是什么吧。

为什么节食无效

如果你去找瘦身书，你会找到什么？

- "某某饮食法"
- "新××饮食法"
- "能持续30天的饮食法，因为……"
- "明星瘦身食谱××：买吧，因为她很有名！"

市场上充斥着**节食瘦身书**，亚马逊的图书分类中甚至也有"瘦身饮食类"，就像瘦身和节食恋爱了，而且快要结婚了，其他追求者都已经无法插足。

有人反对这二者的结合吗？我反对，强烈反对！

瘦身和节食的婚姻是不幸的，因为整个节食的概念都是不正确的，就像有些怨偶一样，这场婚姻不会有好结果，我要冒着在瘦身书里胡乱提婚恋建议的风险说一句：健康的婚恋关系会让双方变得更好。虽然节食没有任何效果，节食瘦身这个产业每年依然盈利上百万美元。有多少人因为节食没有效果，就相信瘦身是不可能的，而且再也不去瘦身了？这场不幸的婚姻已经让很多人失望了。

节食有长期效果吗

因为许多科学家相信，节食是瘦身的唯一办法，所以就用了许多短期研究来证明各种节食方法是有效的。珍妮特·富山（A. Janet Tomiyama）在《美国心理学家》（*American Psychologist*）杂志上称："许多支持'节食能长期瘦身'这种观点的研究，对研究对象的跟踪调查时间只有不满一年、六个月甚至更短的时间。"

对瘦身和节食的短期研究数不胜数，因为我们不喜欢看到那些长期研究的结果。一项历时七年半的研究发现，只吃低脂肪食物的女性，比吃普通西餐的女性只轻了1磅。许多关于节食的研究也发现，大多数饮食瘦身法短期内效果不错，无论是为了控制热量还是帮助人们选择更健康的食物，但这些方法的长期效果普遍很差，因为饮食结构设计太不合理。

出现这种情况，是因为一直以来，我们只关注短期成效。即使是在消费和个人层面，人们做出对生活有重大影响的决定时，也只会根据自己的朋友通过喝蔬果汁两周减掉了12磅的事实。唉，人啊！

你知道**唯一最有效**的短期瘦身方法是什么吗？每天运动两小

时，什么都不吃，你就能收获这辈子减得最多、速度最快的瘦身体验！有了我这种"最新无食物瘦身大法™"，你的体重会快速下降，快到有生命危险（不是夸张），一周就能瘦20磅，绝对有效！我希望我的讽刺意味已经表达得够明显了，千万不要尝试"最新无食物瘦身大法TM"。有些人可能觉得这个方法简直太荒谬，对此不屑一顾，但其实他们就在用同样的方法瘦身，只是程度更轻而已（比如控制热量的各种瘦身餐，或者变相控制热量的瘦身餐，如排毒蔬果汁）。

短期瘦身方法毫无用处，就像我家的栅栏根本拦不住我家的狗 —— 希洛·逃脱魔术师·盖斯 —— 离开后院一样（它会跳过我家六英尺高的栅栏，到附近的湖里游泳）。把节食时间从30天改为一周，或者允许自己喝几杯蔬果汁而不是什么都不吃，并不会让效果持续多久。所有瘦身方法要么能持续，要么不能，这是个非黑即白的问题，而我们看到的是几乎所有瘦身方法都不能持续，都是浮于表面的，纯属浪费时间。

错误的关注焦点

你注意到没有，各种瘦身方法变来变去，变的只有两个地方：食物的种类和数量？一本又一本书告诉你，问题在于碳水化合物，在于肉类，在于热量，在于小麦！他们的套路是这样的：

1. 一本新的节食瘦身书出版。

2. 这本书向你解释为什么其他的节食法都没有用 —— 碳水化合

物太多，鱼油不够，水果太多，水果太少，宏量营养素①比重不对，无糖碳酸饮料不够，热量太多，运动不够，小麦太多，等等。

3. 这本书提出了新的"完美节食瘦身方案"。

上面这个思路本质上没有错。对我们吃的食物提出质疑，再试图找到更理想的饮食结构，从而促进健康，保持体重正常，这些都很合理，但是关注的焦点错了。我们需要的不是完美的饮食方案，而是放弃整套错误的节食方法，另找一条瘦身之路。有些书虽然书名取得很聪明，比如"不节食瘦身法"，但还是把同样的"节食原则"融入了所谓的"非节食法"。他们最普遍的做法是给你一份能吃和不能吃的食物清单，以及一些不能持续实践这些清单的方法，仁慈些的作者可能会允许你偶尔有一天放开吃。

我们错把饮食结构当成要解决的问题，让原本非常简单的道理——吃真正的、健康的食物瘦身——变得过于复杂。我们有上百套用来瘦身的饮食清单，其中许多也提倡人们吃基本的、正确的食物，但所有这些饮食清单都有一个通病——错误的节食瘦身策略。

这种错误的节食策略，错在试图让人们从一套饮食结构迅速转换到另一套饮食结构上，每套饮食结构通常（不总是）只会持续一段时间。

无论是终生适用的饮食方案，还是追求10～30天速成的方案，

① 指碳水化合物、蛋白质和脂肪。——编者注

总结为一句话就是：这样吃就能瘦，加油，祝你好运！

人们已经试了各种办法，好让这种策略行得通，但是一点儿用都没有。

有些饮食方案没有任何规则，只要吃正确的食物就行了。这种办法接近正确的瘦身方法，因为它够灵活，但差在结构性和策略性不强，不足以改变人们的行为。

另一些饮食方案剥夺了人们自己做决定的环节，这在一定时间内可能行得通，但人们最终还是会自己选择吃什么。不让人们做选择的行为很少有效，因为人们随时可以收回选择权，更好的办法是改变人们做选择的方式。

还有一些饮食方案不关注食物的种类，而是把目标简化为计算热量。但计算热量很麻烦，很难做到准确，而且不注重营养，像我们在前面看到的，长期以来还会造成体重增加。乔纳森·贝勒（Jonathan Bailor）在《热量迷思》（The Calorie Myth）一书中简洁地指出了计算热量的准确性问题："自20世纪70年代后期起，我们摄入的热量逐渐增多，每天多摄入了570大卡。但假设这几十年来，我们每天只多摄入了300大卡，根据传统热量计算公式，从1977年到2006年，美国人的体重平均应该增加了907磅。"这并没有发生，因为传统的热量计算公式全是错的。我们的身体不是计算器，不是"热量进—热量出"（CICO），而是"热量进—复杂的生物反应—热量出"。

如果你已经放弃了节食，你可能也抱怨过节食瘦身法对饮食的控制太严格、太复杂，你能吃的东西都没有味道。这也许是真的。但你既然这样想，言下之意就是总有一天，你会找到"合适的节食方案"。那我可以直接告诉你，以后的节食畅销书也不会比之前的好多少，因为这些书都没有解决持续性的问题。

那些最好的瘦身书会告诉你——他们会用尽小花招，让他们的书看起来"独特"一些——加工食品让我们变得更胖、更不健康，而未加工的绿色食品能让我们变得更瘦、更健康。要想瘦身，这些饮食上的改变是有必要的，但变来变去，瘦身成功与否，还是在于瘦身方案的实行策略。要想成功，我们就得小心避开让我们发胖的一些饮食习惯。

对节食研究的元分析

元分析是对众多研究的再研究，能得出一些最有用、最可靠的科学研究数据。任何单一的研究似乎都能证明或推翻几乎任何观点，不同的研究得出的数据也可能互相矛盾，但如果某一领域内几乎所有研究都证明了某一结论，那么这个结论极有可能是正确的。

科学家们对瘦身饮食也做了一些元分析，他们分析了不同的饮食结构，希望找出最有效的饮食方案，但一个因素让"最佳饮食方案"成了一个没有定论的问题——**有两项元分析发现，人们不会长期坚持自己的瘦身饮食方案。**

其中一项元分析表示："本分析涉及的所有研究中，近半数完成率还不到70%。"你可能认为不到70%还算可以，但想想这些都是短期研究，这个完成率其实是非常低的。参加研究的人的任务就是提供数据，帮助研究人员更好地了解一个重要的问题，他们有额外的责任和动力坚持自己的饮食方案，而且他们只需要坚持一小段时间，但他们还是半途而废了。如果这么多人都无法坚持，那么对一个没有外部激励和支持的人来说，要改变自己的饮食并坚持另一种，岂不是更难？

另一个元分析涵盖了共68 128名成年人参与的53项研究。凯文·霍尔（Kevin Hall）博士得出的结论是："可以比较清楚地看到，人们极少能长期坚持某种饮食方案，这和饮食本身无关，无论是低脂肪、低碳水还是其他什么。"即使人们严格避免用悠悠球节食法控制热量摄入，建立在营养分配基础上的饮食方案似乎也不能让人们长期坚持下去。人们一直没能改变自己的行为。

几十年来，节食的效果一直让我们失望，肥一直减不下来，为什么我们还在相信这种方法呢？因为我们找错了靶子！我们批评的一直是某些具体的饮食方案。支持低碳水饮食的人说低脂肪饮食没有用，支持低脂肪饮食的人说原始人饮食没有效果，支持原始人饮食的人又说低热量饮食才是有问题的。就像球拍破了个洞，从洞里面飞了过去，我们却在埋怨球不听话。我们应该先找一个能打球的好球拍，然后再去想球的问题。

整个瘦身产业的问题不在于各种饮食方案，而在于节食这种瘦身方法。如果我们能坚持下去，许多饮食方案也会有不错的效果，但是你不可能"不惜一切代价"逼自己坚持。我们需要能实行瘦身方案的更聪明的策略，让策略能像忍者一样悄无声息地潜入我们的行为习惯和生物系统。这时又有了另一个问题：对习惯养成的传统建议也没有用（这一点我们会在第2章详细讨论），所以即使你能把瘦身变成一种习惯（事实是并没有），效果也不会太好。

那应该怎么办

所以我们得到的教训就是不要尝试瘦身吗？如果你想靠节食瘦身，那么答案是肯定的，你最好不要这样做。试过一种瘦身饮食方案，就不需要再去试其他的了。但《微习惯·瘦身篇》并不是一本节食瘦身书，所以关于节食的那些让人失望的数据与本书都无关。现在关于微小、持续、长期的改变对瘦身影响的研究寥寥，因为这种方法不像节食那么普遍，但我还是找到了这方面的几项很有意义的研究。

有一项小型研究比较了三组被试的情况，发现通过做出微小改变来瘦身的小组成员比控制组和节食瘦身组的成员减掉的体重更多。但后续跟踪调查只持续了三个月，这三个月里第一组的体重没有反弹，如果跟踪调查的时间能长一些，结果会更有说服力。

还有一项研究人们知之甚少，但很有启发意义。这项研究表明，饮食的持续性与瘦身的成功率和体重的稳定性之间存在线性关系。研究人员分析了美国国家体重控制登记处（National Weight Control Registry）记录的长期瘦身成功的案例，发现"一周七天都能坚持节食的人，把一年内的体重波动范围控制在5磅以内的可能性，是一周只坚持五天的人的 1.5 倍"。

持续性不仅是行为改变的关键，更是行为改变的证据。强迫自己改变饮食习惯的人往往会偷懒，会给自己几天"欺骗日"，尽情地想吃什么就吃什么。而成功改变了行为的人，会通过习惯的力量，改变自己对食物的内在偏好。

是时候找一种新方法了，是时候让微习惯策略登场了。我们要用世界上最有效的行为改变策略来对付世界上最大的一个难题，这才是我们一直需要的"婚姻"。这是一种从根本上与众不同的瘦身策略，不是因为推荐的食物不同（虽然我也会谈到这一点），而是因为这种策略改变的是你的饮食和运动习惯。

我几乎可以肯定，关于瘦身我只会写这一本书，所以我没必要用短期效果来骗你。我并不打算再写一本《超级无敌瘦身排毒蔬果汁升级版：14 天保证你瘦成闪电》（除非我想学写戏仿作品）。我的愿望就是给你一个能用一辈子、永远有效的办法，让你能以顺应自然的方式来改变你的身体和大脑。

微习惯与瘦身的关系

要想成功瘦身，你需要一套新的习惯。现在和过去的习惯造就了你现在的体重，一套不同的习惯会让你的体重改变（最好是变得轻一些）。

微习惯能帮助你形成一套强大、有力的习惯，为你今后的健康生活打下基础。我不会向你夸口说，只要你用微习惯改变了自己，你的体重就再也不会反弹，因为**无论什么时候都没有谁的体重是只减不增的**。同理，没有谁能保证自己的旧毛病永远不会复发，因为即使你爱上绿色食品，吃菠菜吃到上瘾，那些不健康的食物也还是很好吃。各种瘦身策略就像堡垒，没有什么策略可以帮你避免挫折和各种问题，但微习惯瘦身法更坚固、可靠、持久。

实现持续改变的唯一条件

要让改变能够持续，你只需要做到一件事：长期坚持。微习惯的目标就是帮你做到这一点，这也让微习惯成了改变行为的最简单、最容易、最基本的方法。以下是我用微习惯让生活发生的一些改变（像写作一样，所有这些习惯从开始到现在已经持续了两年以上），你可以从中看到微习惯的强大力量。

● 我去健身房的习惯已经持续了两年以上，现在身体处于巅峰状态。

● 我已经写了两本世界范围的畅销书和上百篇博客文章，我每周写一篇博客，已经坚持了两年，没有一周间断过。

● 我现在每年读12 ~ 20本书，以前每年只能读一本。

以上就是我的一些变化，相较过去，这些变化还是很大的。下面是我做出这些改变所用的一些很可笑的方法。

● 健身微习惯：每天做一个俯卧撑

● 写作微习惯：每天写50字

● 阅读微习惯：每天读两页书

我人生中最大的成就都是通过坚持这三件事取得的，而我为了做到这三件事，每天只花了不到五分钟，这就是微习惯。其他人用微习惯取得的许多成就比我的还要了不起，这好像有点不公平，毕竟《微习惯》这本书是我写的。玩笑归玩笑，我每次听到别人说自己因微习惯而变得更好时，都感到非常高兴，有些人甚至还没等到我这本书出版，就想出了用微习惯瘦身的办法，太棒了！

这么小的事怎么会带来这么巨大的改变呢？关键在于"复合"（compounding）。

复合的力量：无声而强大

假设有两笔钱，一笔钱是1美分每天翻倍、连续翻31天的总和，另一笔钱是整整500万美元，你会选哪一个？如果你选了500万美元，那你就大错特错了，因为31天后，你的1美分就会变成1000多万美元。感谢达伦·哈迪（Darren Hardy）在《复合效应》（*The Compound Effect*）中举的这个例子，这个有趣的假设揭示了生活中的根本问题和解决方法。

这种解决方法就是专注于让微小的选择朝着正确的方向不断复合。问题是，我们看不到这种解决方法，因为我们的注意力很容易被更显眼的东西吸引，比如那500万美元，所以自然不会对微小、能够复合的改变产生兴趣，虽然这些改变（出人意料地）有更加强大的力量。

　　试想一下，每个月体重增加 1 磅，或者减少 1 磅，一年后，你要么重了 12 磅，要么轻了 12 磅，两者的差距有 24 磅。每个月的一点点变化竟然会累积成这么大的差距，毕竟我们的体重在一天内的波动范围都不止 1 磅！

　　增加或减少 1 磅代表的只是线性的增长，但势头、情绪、经验积累等因素会让进步程度呈指数级增长，也就是复合。举个例子，如果你比现在瘦 12 磅，你会有什么感觉？你的自我感觉会有什么变化？这会让你更有活力吗？这会怎样影响你继续努力的动力和意愿？无论是增加还是减少 1 磅，每个月发生的这一点变化，在一年后会让你的身体和心理发生巨大改变，可能变得更好，也可能变得更差，全都取决于你选择哪个方向。

　　对食物和运动做出的选择，会产生比每月增或减 1 磅更大的改变。每月 1 磅就足以产生如此巨大的变化，这说明每顿饭的选择都至关重要。最小的选择会带来最大的改变。

　　千万不要误会，我举这个例子不是要让你给自己定个每月减 1 磅的目标，"1 磅"这个目标太模糊了。复合可以产生巨大的结果，但复合的起点必须确切、具体。如果你让 1 美分每天翻倍，连续翻倍 31 天，最后你会有 1000 多万美元，但如果你让 0 连续翻倍 31 天，最后的结果还是 0。最开始的那 1 美分不仅很重要，还是后面一切的基础。

永远在改善

如果《微习惯·瘦身篇》让你成功变瘦，那么这也不过是你接受了自己的新身份之后的结果。你顺其自然地活出了一个更健康的自己。

这种内在变化远比减掉肥肉更重要。聪明的人知道，"我们是谁"比"我们看起来怎么样"更重要。没有人能青春永驻，如果你在乎的只是美丽的外表，那么时间注定要让你的愿望落空。我不是说不应该追求梦想中的健美身材——尽管去追求——我的意思是，由外向内的方法注定是失败的。

用减肥药、手术、饿肚子等肤浅手段瘦身的人可能会对短期成效兴奋不已，但得到这个结果的过程并不会让他们感到多开心，而且一旦体重反弹，他们会感到万分沮丧。但当你通过协调生活的方方面面，让生活有了真实、永久的改善，你会惊讶地发现，外在的改变其实是第二位的，内在的成长带来的喜悦才是最重要的。内在的成长改变的是"我们是谁"，塑造的是我们的身份。现在你可能不相信我说的这一切，但最终这些远比体重秤显示的数字有意义。

下一章我们会讨论该怎样做出改变。先建立改变行为的观念，才能去谈瘦身和怎样减等具体问题，如果不能改变自己的行为，无论瘦身方案是什么，都是空谈。所以，我们先来解决改变行为这个问题吧。

WEIGHT LOSS

第 2 章

要变身材，先变大脑

激发动力？别再提这茬了。

习惯比理智更有力量。

——美国哲学家乔治·桑塔亚纳（George Santayana）

为什么改变没有效果

在这本书里，你不会看到：

- 独家食谱
- 计算热量的行为
- "最佳"节食瘦身法
- 妖魔化碳水化合物和脂肪的言论

这本书里能让你豁然开朗的内容正是其他很多瘦身方法书所欠缺的：你会了解到非常容易实施并能与你的生活方式结合的策略，从而做出持久的改变。我会讲到不同食物的营养成分以及某些食物对体重的影响，但如果你确信某种饮食结构最适合你，那就把这种饮食结构和书里的策略结合起来，不需要强迫自己换一套饮食方案来"节食"（不要用以前别人推荐的实行策略，要制订自己的微习惯计划）。除了了解体重增减的基本原理，瘦身的关键还在于你能否长期改变自己的行为。

30 天（甚至更快）见效的骗局

你要是看到一本书上写着"多少天瘦多少磅"，赶紧把这本书烧了（要是电子书的话，就对它嘲讽一番）。看在卷心菜的分上，请不要再指望7天、10天、21天、30天就能带来改变！30天计划最有效的时候，就是你的生命只剩 30 天的时候。但人的一生长度差不多有 28 000 天，30 天的改变算得了什么？

我知道，有些人认为，如果你能做出为期 30 天的改变，那么 30 天之后你就能养成一个新习惯，或者有足够的动力坚持下去。但是，并没有科学研究表明，30 天或者 21 天就能让人养成一个习惯。2009 年的一项研究发现，参与者们平均要用 66 天才能养成一个习惯，每个人所需的时间各不相同，18 ～ 254 天不等。这个结果告诉我们两件事：第一，大脑发生变化很慢，但具体速度很难预测；第二，极有可能的是，一个新行为在 30 天内无法成为一个习惯。

人们还喜欢制定一些非常难的 30 天挑战任务，因为只需要坚持很短的时间就够了，但这更不利于养成习惯。上面的研究还发现，某种行为的难度对养成习惯的速度有极大的影响。大脑把简单的行为变成习惯，比把困难的行为变成习惯快得多，比如，养成每天早上喝一杯水的习惯只需要大约 22 天，而养成每天晚餐后倒立两小时的习惯，需要的时间则远不止 22 天。

中国古代著名军事家孙子曾说："胜兵先胜而后求战，败兵先战而后求胜。"改变不意味着你要和自己奋战 30 天，而是要极具策略性地让自己在战斗开始前就能获胜。**这个道理用在瘦身上，就意味着在改变身材之前，要先改变大脑。**

改变大脑的过程

如果身体是大脑状态的反映，那么要怎样改变大脑呢？

你的潜意识是老大，因为潜意识直接控制你一半的行为，还不断地影响你有意识做出的各种决定。人们总是想对抗潜意识，并且总是失败。正确的策略应该是顺应大脑的本性来改变潜意识，而不是用更时髦的方法告诉人们："老兄，你的愿望应该更强烈一点。"

那么大脑的本性是什么呢？大脑发生改变很慢，这是件好事，如果你的大脑一夜之间就能完全改变，那你就会精神不稳定了。比如说，你的一天是早上起床，一边喝咖啡吃面包，一边看报纸，然后去遛狗，看电视新闻。突然有一天晚上，半夜3点有人打电话给你，要你去看看邻居是否一切都好，然后你穿着内裤就跑了出去。要是你的大脑一下子就把这个行为变成了新的习惯，那你岂不是每天夜里3点都会穿着内裤跑出去？没人想变成这样，所以，大脑需要多次重复才能形成一个习惯，这是件好事。让我们接受大脑的慢性子，并感谢它让我们处于稳定的状态吧。

改变大脑的理想过程是缓慢渐进的，慢到你可能不会察觉到改变。这对我们很有利。改变越是明显——比如你从吃汉堡薯条变成只喝绿色蔬果汁——你的大脑就越抗拒这种改变（说明一下，在饮食规律的前提下，喝蔬果汁补充营养是可以的，甚至用蔬果汁轻断食一两天也可能有益健康，但喝蔬果汁绝对不是瘦身的长久之计）。

动力的暴政

我要告诉你一个关于人性的黑暗秘密，可能你已经知道了 —— 大多数人都是糟糕的……我还没说完……目标完成者，比如，据说每年的新年计划只有 8% 的人能够完成。

人们想做出改变，但经常失败，于是其他人就认为，那是因为这个人太懒，或者没有足够的动力坚持。其实大多数人失败，是因为使用的方法没有顺应大脑的特性，就好像说，有一个方法能挡住子弹 —— 只要用牙齿接住子弹就行了（这种方法要是行得通，除非你是超人）。**一个解决办法的价值在于其可行性，如果不能实行，就算是"最伟大的想法"（比如瞬间移动）也毫无价值。**

改变大脑必须先于改变身体进行，否则改变不会持久。既然大脑要通过长期、持续的行动来改变，那么问题就是，怎样才能坚持某个行动？我们可以推测出答案。

意志力和动力是我们有意识地做出行动（不是出于习惯行动）的两个机制。动力是做出行动的"愿望"（我们最常用的机制），意志力是忽略感受而去做出行动的"决定"。如今几乎每本励志自助书（包括瘦身类）都建议我们激发越多动力越好，并把意志力作为后备方案，然而，把动力放在第一位是不明智的。

"激发动力"名不副实

我打赌你肯定听过关于动力的演讲，出于好奇再问一句，你听过多少关于自律或意志力的演讲？关于动力的书籍、网站、播客数不胜数，与之相比，其他的自助励志题材（也许除了瘦身类）简直相形见绌。

我要说明一下，动力之所以这么火，是因为人们眼中的动力的效果并不真实。你读到的每一个成功运用动力的故事背后都有更多失败的故事，如果一种策略只有 2% 的成功率，但其余的 98% 都被忽视了，那么我们对这种策略是否有效的看法就会（而且已经）被严重扭曲。不会有人想给失败的事例写故事，但我这里就有一个失败的故事：我用了 10 年来"激发动力"，结果什么效果也没有。

不同的人情况不同，因此成功率具有欺骗性，就算是同一个人也有可能被自己虚假的成功蒙骗。**有一段时间你可能感觉充满动力，并且在努力实现自己的目标，也正是在这个时候，你会注意到自己的改变，于是你就以为动力是让你行动起来的关键。**

注意到有效果的因素很正常，所以当你有动力去实现瘦身的目标并吃了一顿健康的饭后，你会把这个行为（吃健康的东西）归功于你刚刚感受到的动力。这个策略既然今天有用，以后也会有用，对吗？是的，但如果你考虑到所有数据，而不是某一个数据，你就不会这样想了。

仅凭个例就得出结论是很危险的。比如玩轮盘游戏，你赌 5 美元珠子会停在 20 号，赌赢了你就有 175 美元，但你能说珠子每次都会停在 20 号吗？或者说珠子停在 20 号的概率更大吗？你要是这样想，就会在赌场上输得倾家荡产。同理，如果你碰巧在 20 个早晨中的 1 个或者 10 个"感到充满动力"，你就能说这种动力策略是有效的吗？有可能是你不知道还有什么别的策略，也有可能是你非常自信，觉得自己随随便便就能"激发动力"。

说明一下，我不是反对动力，我在写下这句话时也感到充满动力。动力对我们是有益的，我只是在说动力不足以成为改变行为的基础。基础必须坚实可靠，动力不够可靠，仅此而已。那么，为什么我们会认为动力可靠呢？

熟悉感欺骗了我们

普利策奖得主丹尼尔·卡尼曼（Daniel Kahneman）在《思考，快与慢》（*Thinking, Fast and Slow*）中写道："想让人们相信谬误有个可靠的方法，那就是不断重复它，因为人们很难区分熟悉感和真相。"一旦一个理论深入人心到一定程度，人们就会想当然地认为它是真理，无论多少合理的反对意见都无法将其彻底推翻。我们错把"找到动力"当成改变行为的策略，就是因为这个道理（曾经所有人都相信地球是平的，但这比动力更容易证伪）。

有动力并且成功了的人往往会混淆结果和原因，他们会说："我的愿望激励了我。"但真相是，成功和好习惯才更能激发愿望，而不是反过来。

我们的愿望够强烈吗

主流动力理论认为，要想做出改变，必须要有足够强烈的愿望，如果你没能实现目标，那是因为你的愿望还不够强烈。既然现在人们依然受着肥胖及其引发疾病的困扰，那么这说明我们想要改变的愿望还是不够强烈，我们竟然没有足够的动力去救自己的命、让自己活得更好，真是可悲。但等一下，2014 年整个瘦身产业可是赚了640 亿美元啊，人们已经花了这么多钱去瘦身，难道不是说明人们对瘦身的热情已经冲出地球了吗？

然而让人悲伤的是，就在今天，成千上万想瘦身的人还在想自己到底哪里出了问题。他们本身没有任何问题！这些人自愿受苦并付出金钱去瘦身，但还是有人告诉他们，说他们改变自己的愿望不够强烈！这简直是胡说八道。人们的愿望已经够强烈了，他们只是需要一个聪明的策略，一个不会寄希望于不可能做到的事的策略。

想彻底弄明白动力是什么，我们需要分清两种不同类型的动力。

两种动力

请看这两句话：我有动力去戒烟。我有动力现在去抽一支烟。

这两句话中体现的动力不仅是相反的，也分属两种不同的类型。戒烟是一种整体的愿望，抽一支烟是一种即时的愿望。

即时动力远比整体动力复杂。你在某一时刻想做或不想做某件事，会受到许多即时和整体的愿望的影响。比如，你现在想吃一个甜甜圈，这个想法就会受到以下动力的影响：

- 保持健康：不，你不想吃甜甜圈！
- 吃点儿好吃的：是的，你想吃甜甜圈！

- 让自己开心：你想吃甜甜圈！

- 朋友们都在吃甜甜圈，要让自己合群：你想吃甜甜圈！

- 不要长胖：你不想吃甜甜圈！

- 夏天要到了，要露肉了：你不想吃甜甜圈！

还有些其他因素，包括压力、自我对话和情绪状态。想一想你平时的体验：你某一天过得很不顺心，这时去做积极有益的事情的动力会有什么变化？会减弱。如果你这一天过得很顺心，动力就会增强。你有没有遇到过平白无故地感觉动力下降的情况？我也遇到过，因为情绪在很大程度上会控制即时动力。即时动力是混乱、复杂、变幻莫测的，因为影响它的因素总是在改变。

相反，整体动力特别简单而稳定。吃一个甜甜圈的即时决定是在某个情境下做出的，而吃甜甜圈这一类食物的整体决定是不受具体情境影响的。你的整体动力是你的理论观点。我不吃甜甜圈这类食物是我的整体动力，因为我认为甜甜圈是一种不健康的食品。但说是这样说，如果你给我 5000 美元让我吃一个甜甜圈，我愿意吃两个。

当完美理想从桥上坠落

如果没有具体情境，我们会一直根据整体愿望来做出选择。但是，我们这些无懈可击的完美理想，必须先通过一座摇摇晃晃的名叫"情境"的桥，才能到达那个叫作"现实"的彼岸，而理想常常会从桥上坠落。

当甜甜圈上淋着香甜无比的糖浆，你的肚子很饿，朋友们又都在美美地吃着甜甜圈时，突然间，不吃甜甜圈的整体动力变得微不足道，这个理想没能成功过桥。情境很容易凌驾于整体动力之上，这就是动力策略的弱点。一放到真实生活中，动力策略就失灵了。

你在生活中的整体动力与你的价值观和目标紧密相关，这些是你想过上某种生活方式的深层理由，它们很少改变。但问题是，人们往往认为，我不吃蛋糕的动力（即理由）会给我动力（即让我立刻有愿望），让我今天晚上不要吃蛋糕。这种情况有可能发生，但你的整体动力并不是永远都那么强大，强大到不受那些你无法控制的情境因素的影响。要想有美好的生活，第一条规则就是专注于你能控制的东西，因此，我们最好把这两个动力概念划分成我们能控制的（整体动力）和我们不能完全控制的（即时动力）。

当人们说"激发并保持动力"的时候，他们是在试图控制所有那些不停变化的因素，他们以为可以安全通过"情境之桥"，把完美理想带到"现实的彼岸"。这么多人都相信他们能做到这一点，你可能会觉得滑稽，也可能会觉得可悲。如果你的狗死了，你病了累了，你被戳中软肋，或者你"就是不在状态"的时候，你的动力不仅会受影响，甚至可能完全消失！

这样看来，整个"动力理论"是不是挺好笑的？这个理论认为我们永远"有动力"去"激发动力"。如果我们没有动力呢？那我们是不是要激发可以激发动力的动力？其实有一个更简单的办法，但在讨论这种办法之前，最好先明白为什么我们会选择动力。

为什么我们喜欢动力胜过意志力

理解最后这一点非常重要：我们喜欢用动力来实现自己的目标，因为有动力做某事，说明你已经想去做这件事了。同等条件下，做你想做的事比强迫自己去做某件事更好，当动力成为指引你的明灯时，你做的每件事好像都是对的（即使事实并非如此）。

没有人永远有动力去做正确的事。你如果等有了动力才去行动，就会陷入麻烦。如果一个奥运会运动员只在想去训练的时候才去，如果人们只在国家税务局让他们深感关怀时才去交税，如果人们只在对洗澡爱得深沉时才去洗澡，那么会发生什么？运动员会输掉比赛，人们会因为偷税漏税受到惩罚，不愿洗澡的人会变得臭气熏天，所有人都不会好过。依赖动力必败无疑，所以动力不属于微习惯策略。

人们会（准确地）说，做任何事都需要动力，哪怕是动动手指。正因为如此，我们才区分了两种动力。你得有理由才会去行动，这毋庸置疑，而且很重要，如果你现在没有任何理由去做17个开合跳，你就不会去做。然而，这并不是说你去做某件事的理由必须压过其他所有影响动力的情境因素。**当你有足够的理由，但是并不想做某件事的时候，你依然能成功做到这件事。**

即时动力就像涡轮，有它的时候挺不错，但不要把它当成你最重要的能量来源。如果不依赖动力，那应该依赖什么呢？意志力。

意志力

我们来试一下《微习惯》里面的一个练习。我现在让你摸一下鼻子，你是能做到的。你的即时动力可能很弱，因为你做这件事的唯一理由是我让你做，而且你可能自己也想试一下，你知道摸一下鼻子并不会给你带来什么好处，甚至去做这样一件无谓的事让你觉得很无聊，但如果你决定去摸一下鼻子，那么即使没有动力去做这件事，你依然能够做到。

你可以用意志力做到即时动力无法让你做到的事。意志力比动力更适合用作行动的基础，因为即使"情境之桥"崩塌了，或者失去了动力，你依然有办法通过这座桥。用意志力去行动，意味着你做好了"情境之桥"随时会崩塌的准备。但你能让自己立刻连续摸鼻子100下吗？或者1000下？30 000下？也许不能，而这就是意志力的局限性。

能让你做出任何改变（特别是像瘦身这样困难的事）的策略，必须要让你不仅能在理想情况下做出改变，还要能在最坏的情况下做出改变。就算动力很弱，或者完全没有动力，意志力也能发挥作用。但如果我们要把意志力作为主要策略，我们必须先弄清楚意志力有什么弱点。

来自佛罗里达州立大学的罗伊·鲍迈斯特（Roy Baumeister）堪称"意志力之父"，迄今为止进行了几十项关于意志力的实验。这些实验发现，我们用意志力做完一件事之后，再用意志力去做另一件事时，意志力会变弱。意志力就像肌肉，会因过度使用而疲劳，会因训练而变强。过去几十年，这种"自我损耗模型"（ego depletion model）一直是关于意志力的主流理论，已通过 200 多项研究的验证。

2010 年一项关于意志力的元分析得到了广泛认同并经常被引用。该分析将研究发现总结为："努力程度、感知难度、消极情绪、主观疲劳、血糖水平这五个因素对意志力的自我损耗有极大影响。"这五个因素会让意志力减弱。如果把意志力作为第一策略，这五个因素就是阻碍我们持续行动的最大障碍。在《微习惯》中，我一一分析了为什么微习惯受这些因素影响小，甚至完全不受其影响。

有些研究人员对自我损耗模型或"意志力有限论"提出了质疑，但意志力是持久不变还是会损耗并不重要。一种改变行为的好策略，必须在最坏的情况下还能发挥作用，所以这种策略最好在意志力薄弱的时候依然有效。

意志力是相对的

意志力是相对行动而言的。你随时都可以让自己摸一下鼻子，但你能随时让自己坐下来，一次写完一本 450 页的小说吗？对简单的任务而言，你的意志力就算不强，也还足够。对困难的任务而言，你的意志力就会显得薄弱了。

人们往往很关注"意志力储备"这个概念，好像他们还剩多少意志力会决定他们成功与否。你发现这种思维方式的漏洞了吗？无论什么时候，意志力远不如目标重要，**也许你不能选择自己意志力的强弱，但你可以选择自己的目标，而目标决定了你的"相对意志力强度"。**

你不需要关心意志力怎样损耗，意志力是否在损耗，甚至意志力会不会损耗，你只需要学会用微习惯策略，让自己在任何情况下都能成功做出改变。无论动力和意志力是弱还是强，在所有这些情况下，微习惯都是有效的。

微习惯使成功率最大化

最重要的两种情况是意志力弱和动力强。意志力弱的时候，你想避免失败，动力强的时候，你想让前进的可能性最大化。微习惯在这两种情况下都能很好地发挥作用。

微习惯是一种极微小的"强迫之举"，小到就算你的意志力已经耗尽，依然能做到这些事。动力策略要求你像加满了油一样才能完成那些"大目标"，微习惯不一样。即使你的状态跌落谷底，你依然能粉碎（不是"完成"，而是"粉碎"）你的微习惯目标。想想微习惯有多么强大。如果你在状态最差的时候还能继续前进，那还有什么能阻挡你呢？就算彗星撞上地球，你也能坚持你的微习惯。

而在动力强的情况下，微习惯没有上限。微习惯鼓励你做得比你的最低目标多（超额完成任务）。比如，你的微习惯是冥想一分钟，只要你愿意，你大可冥想两小时。

想象一下，面对要完成的目标，你感觉势不可当的样子。这和大多数人的感受是不同的，因为大多数建议都只是让你刚好完成那个可畏的目标，他们告诉你，你必须变得很厉害，才能达到你的目标。当你某天不在状态的时候，或者你的宠物鹦鹉死去的时候，你的目标会在你状态低迷的时候盛气凌人地俯视你，让你根本不敢直视它们。但用了微习惯策略，一切都不同了：你永远是成功者，你永远是更强的那一个，你永远在前进。瘦身比做任何事都更需要不断的成功和鼓励！

不要相信那些让你"愿望再强烈一些"的书。你正是希望能改变自己的某一方面才买了那本书，而那本书还告诉你"你的愿望不够强烈"，这种做法难道不过分吗？我觉得的确有点儿过分，所以我绝不怀疑你是真的想变得更健康、身材更好。许多人疯狂地想瘦身，不是因为他们的愿望不够强烈，被阻挡了脚步，而是因为他们采用了主流的动机策略（以及他们之前的失败经历），从而误以为瘦身是不可能成功的。瘦身可以成功，你需要的只是微习惯、明智的策略，再加一点点意志力。

WEIGHT LOSS

第 3 章

瘦身的速度

当心反弹！

读养生保健的书可得小心，没准一个印刷错误就会要了你的命。

——美国作家马克·吐温（Mark Twain）

体重增加的秘密

既然你在读这本书，那我就默认你想瘦身了。有一件有趣的事你可以思考一下：如果你的目标是增肥呢？先不要急，因为思考一下这件事，你会改变对瘦身的看法。

我是在探索改变的本质，因为长胖和变瘦都属于身体上发生的改变，二者虽然目标相反，但都具备从一种状态变为另一种状态的本质特点。人们一般是怎样发胖和超重的呢？

他们会在 1 月 1 日中午 12:01 握紧拳头说"我决定了，我真的要开始增肥了，今年我要长胖 35 磅"吗？

他们会发一条状态说"嘿！兄弟们，我这次是认真的，我的目标是这周靠喝奶昔长胖 10 磅"吗？

他们会在某天晚上半夜 2 点突然踌躇满志，打算多吃几个芝士汉堡、几包薯条，多喝几瓶饮料吗？

他们会发誓再也不离开沙发吗？

总之，他们会昭告天下，他们将做出改变吗？

还是说，肥肉……就这么长起来了？慢慢地，悄无声息地，在一块又一块比萨后，我们就胖了。

人们长胖和变瘦的过程是一样的：微小、不起眼的生活方式逐渐累积，最终导致巨大的改变。无论那些"快速瘦身书"上说什么，

真实的改变都不可能因为**剧烈、突然的行为改变而发生**。只有当微小的改变不断累积，我们才会慢慢地实现真实的改变（虽然有些改变是无心的）。我们现在所有的坏习惯都是这样养成的。虽然习惯这种强大的力量常常会让我们做一些不好的事，但我们也可以利用这种力量来做一些对我们有益的事。

你的身体不想改变

2006 年杜克大学的一项研究显示，潜意识以习惯的形式控制了我们大约45%的行为。就像前面所说，潜意识由日常固定行为主导，它不喜欢改变，抗拒改变。这使得潜意识毫不留情地杀死了我们实现目标的愿望，因为我们定下的每一个目标，都是对现有状态做出的改变。

除了来自潜意识的阻力，还有另一层阻力需要克服 —— 生物阻力。瘦身专家把这种阻力称为身体的"脂肪设定点"（fat set point），指身体现有的和想要保持的脂肪量。

各种主流瘦身策略都让我们对抗脂肪设定点，但对抗的方法并不明智！前面提到的各种控制热量和"悠悠球节食"的研究，都是触发了身体的饥饿反应，反而让脂肪设定点变得更糟的典型例子。脂肪设定点非常稳定，连手术都不能将其改变。

吸脂手术没有用

吸脂手术就是把体内的脂肪抽走，但因为身体有脂肪设定点，吸脂手术没什么用。科罗拉多大学的一项研究显示，在手术结束一年后，被试身上的脂肪与控制组的并没有区别。研究人员对此并不感到意外，因为现在人们都知道，体内的脂肪量由中枢神经系统控制。

让人意外的是，吸脂手术一直深受欢迎，2014年，美国受欢迎的整形手术中排名第三的就是吸脂手术，仅次于隆胸和鼻部整形。不仅如此，吸脂手术还是最受欢迎手术的前五名中，唯一比前一年有所增长的。

至于手术后脂肪是怎么回来的，可能就是吃得更多了这么简单。一项利用大鼠进行的研究（还想听老鼠的故事吗？我就知道你肯定想！）发现，脂肪组织被移除的大鼠，比控制组的大鼠吃得更多。"不同的身体组成部分中，经人为改变后的脂肪量和自发的食物摄入量之间呈现明显的反比关系。"有些人看到这个结论时可能会想，可以通过计算热量来防止脂肪反弹，但这样就抓错重点了，这个结论正再一次警告人们，不要尝试像控制热量那样激进的瘦身方案。

西奈山医学院的萨伦斯博士（Dr.Salans）是研究肥胖问题的专家，他表示："我认为身体的体重调节机制极其复杂，如果你强行改变了一个地方，其他地方会做出反应，来中和你做出的改变。"

身体需要平衡

让我们把镜头拉远，来看一个更大的概念——平衡。以下是身体保持平衡状态的一些做法，注意领会这些做法背后的平衡概念，然后想一想你以前采取的一些极端瘦身措施。

● 当糖或碳水化合物摄入不足时，身体会把脂肪转化成葡萄糖，为身体提供能量，维持身体正常运转。这种状态叫"生酮状态"。

● 摄入糖或碳水化合物后，身体会产生一定量的胰岛素，把一部分葡萄糖变为细胞所需的能量，从而让血糖水平保持稳定。

● 摄入大量胆固醇后，肝脏会减产胆固醇；胆固醇不足时，肝脏会增产胆固醇。所以有些胆固醇高的食物，比如鸡蛋，还是非常健康的（而且不会让你体内的胆固醇含量增多）。

● 血液流失后，身体会产生更多白细胞、红细胞和血小板，直到这些细胞的数量恢复正常水平。

● 运动得越多（消耗能量），身体越感到饿（吸收能量）。

● 你让自己饿肚子的时候，体内的激素会让你感到更饿，直到你开始吃东西，所以你很有可能吃得更多。

● 通过节食快速瘦下来后，在平静状态下，身体会燃烧更少的热量（食物利用率）。

● 当食物在经过转化变成脂肪后，脂肪细胞会释放瘦素（leptin），让你产生饱腹感。脂肪细胞的数量决定释放的瘦素的数量，所以脂肪越多，释放的瘦素越多，你会感觉越饱，这是身体调节食欲的一个主要方式（除非身体对瘦素有了抵抗，这样"我吃饱了"的信号就无法传到大脑了）。

身体是调节平衡的机器。我们所知的关于身体的一切，都表明它处于稳态（homeostasis），即自我稳定的趋势。这使得瘦身成了一个有趣的命题，因为瘦身的目标就是让身体做出它不想做出的剧烈改变。

如果你长胖了，身体会拼命留住这些肥肉。既然如此，聪明一点的做法是不是用极端手段，逼迫身体开始接受新的生活方式？我们是不是得在一段时间内干脆什么都不吃，让身体明白我们要瘦身？当然不是，这样做就像是把一头危险的野兽逼到绝处。如果你这样对待你的身体，你的身体可能会被激怒，然后发起最猛烈的反击。身体会用尽一切方式让体重恢复到最初水平，甚至会用力过猛，让你变得比以前更胖。这就像银行错误地冻结了你的账户，其实是为了保护你的财产安全。身体的这种设置让人感到无奈，但它只是在尽自己的职责而已。

缓慢、简单、悄然的改变

"好的，我就抽一根试试。"一个人曾这样说，从此就成了老烟民，再也戒不掉了。"只要加50美分就能再得一份薯条和一杯饮料？"一个人曾这样说，不想放过优惠的机会，于是在接下来的两年里渐渐长胖了30磅。我们要是能像这样养成一些好习惯该有多好啊！我们可以的。

我们很容易养成坏习惯，因为坏习惯能给我们很多回报，而且做起来很容易。我们很难养成好习惯，因为好习惯不会立即给我们回报，而且我们把好习惯变成了很难做到的事。合乎逻辑的做法是让坏习惯做起来更难，让好习惯做起来更容易。

慢慢来，不着急

你和别人打过"空调战"吗？你觉得有点热，就把空调温度调低了 3 度，然后另一个人觉得冷，又把温度调了回去，甚至还调高了几度。聪明的老手有自己的制胜之道，他们一次只调低一度，免得怕冷的室友察觉，大呼小叫起来。

微小的改变不会引起身体的"反击"。在《微习惯》中，我阐述了行为上微小的改变能怎样规避（或至少大大减少）来自潜意识的阻力，对饮食和健身的微小调整也是一样，这些调整也可以规避生物阻力，因此微习惯 —— 改变行为的良方 —— 也是瘦身的良方。

悄悄来，别声张

求生是身体的本能，这对你来说可以是好事，也可以是坏事。直接控制热量摄入后，身体为了生存下去会做出反应 —— 会更容易将食物变成脂肪储存起来。

如果你想瘦身，最好悄悄地减。瘦身就像从一座高度警戒的大楼里拿走一颗钻石，你的身体就是这座大楼，肥肉是你想拿走的钻石。主流瘦身方法都是让你冒冒失失地直接闯进大楼，结果是什么呢？你可以很快拿到钻石，但你会发现，你已经触动了17个警报，整座大楼被封锁起来，警察立刻得到通知，一个神经高度紧张的保安正用枪口对着你。身体就是这样回应激进的瘦身手段的。

你拿到了钻石（减掉了肥肉），但要想离开大楼，必须把钻石放回原位（体重反弹）。

这个比喻并不极端，当人们想快速改变自己时，身体的反应就是这样的。身体有内置的"稳态警报"以防止发生改变，身体的信条是"没有彻底损坏，就不用修补（敢修就试试！）"。你的身体会说："热量不足！热量严重不足！召集布朗尼游说团体，中午启动四级食欲！"

瘦身失败不是因为没拿到钻石（减掉肥肉，体重下降），而是因为没有撤退方案（持久瘦身，不反弹）。你看，这说的不就是节食吗？节食强调快速出效果，但并不关心以后怎么办。有些人相信，他们能快速减掉肥肉，然后回归以前的生活方式，而且体重还不会反弹。我希望这是真的，但研究显示这不可能。其他人相信，开始瘦身时减快一点，后面会更有动力多减一些，但是，就像长跑一样，开始用力过猛，难免后劲不足，越跑越累。

聪明的小偷不会冒冒失失地闯进大楼，直接去偷钻石，而是会在进楼前花些时间制订好计划。你认为小偷的策略是什么？小偷会在深夜缓慢、谨慎、精准、平稳、悄无声息地行动。他在大楼里穿行时会避开所有感应器，然后取走钻石，逃之夭夭。没有人知道他来过这儿。

如果你既能瘦身成功，又能让身体不反应过度，那你不仅能看到体重秤上的数字下降，还会永远改变你的行为，让体重达到一个新量级，让身体更健康。这些可比任何钻石都有价值。

用了这种方法后，你还会得到前面介绍的复合性好处。把这一切加起来，你会有可靠的方法降低设定点，然后通过复合取得更大的进步，变得更自信，更开心，更有希望，有勇气继续前进。这不仅是瘦身最好的方法，也是唯一的方法。现在，让我们翻过理论这一页，来具体看看微习惯策略。

微习惯策略

现在我们知道，要改变大脑和身体，最好顺其本性，慢慢改变。接下来我想向你简要解释一下微习惯策略。

到底什么是微习惯

微习惯是你每天做的"小得不可思议"的一些事，我说"小得不可思议"，是因为这些事听起来真的很可笑，而且做到这些事一般只需要花一分钟，甚至一分钟不到。

- 每天做 1 个俯卧撑
- 每天读两页书
- 每天打扫房间（或者房间的某一个区域）1 分钟
- 每天按 1 下琴键（或拨 1 下琴弦）或者弹奏 1 首歌

- 每天对身体的 1 个部位做伸展运动
- 每天吃 1 份新鲜蔬菜
- 每天用牙线清理 1 颗牙齿

微习惯看起来好像没什么用，因为我们会下意识地说："但我能做的远不止这些。"当然，我们经常可以做更多，但微习惯策略就是要把要求降到最低，低到"经常"变成"总是"。如果你"总是"能做某件事，那就没有什么可以阻挡你了，但如果你"经常"能做某件事，那说明还是有些东西可以阻挡你，要想实现持久的改变，这样还不够。想知道你的微习惯是不是太大，最好的办法就是看看你在状态最差的时候是否依然能做到这些事。如果你在状态最差的时候都能完成微习惯的目标，那么这些目标对你来说永远不是问题。

除了每天做到这些小事，你还可以试试超额完成任务。"超额完成"这个概念是从"1 个俯卧撑"微习惯得来的（这也是我的第一个微习惯），超额完成指的就是多完成几个微习惯目标。比如你的微习惯是每天跟着 1 首歌跳舞，那么你感觉状态特别好的时候，可以跳 2 ~ 3 首歌的时间，或在歌放完之后再跳几分钟。如果你的微习惯是午餐吃 1 份新鲜蔬菜，那么可能某一天中午你会吃 2 份，或者晚餐多吃 1 份。超额任务就是超过微习惯目标后多做的事，无论超过多少都无所谓。我的微习惯是每天写 50 个字，有时候我会多写一点儿，写到 100 个字，有时候会写得停不下来，一下子写到 5000 个字。这两种情况都属于超额完成任务的情况，都很好！

超额任务永远都是选做的，不是必须完成的。你永远可以选择只完成微习惯目标，因为微习惯必须要保持微小。即使你连续 57 天都超额完成任务，你依然可以选择只完成微习惯目标。极低的要求和极高的上限，是让你坚持行动并具有无限上升空间的最佳方案。

微习惯是我们的瘦身策略的基础，它能确保你养成新的习惯（而且是对你终生有益的）。超额完成会给你灵活的空间，因为某一天你可能会特别有动力，或者意志特别坚定。这整个微习惯系统可以适应你每一天的生活。

我们看到的其他方法都是直接给你定一个大目标，比如营养食谱会给你列出能吃的和不能吃的食物，幸运的话可能每周还有一天可以放肆吃，但是如果你不需要放肆吃的那天呢？如果你需要两天呢？你必须去适应这个方案，而无法让这个方案来适应你。

传统的瘦身方法总是把你往前推，要求你每天都挑战自己，如果有些时候做不到这一点，你就会感到非常沮丧，觉得自己像一个失败者。节食瘦身半途而废的概率可能是最大的，这只能说明这种方法有问题，并不能说明使用这种方法的人有问题。

一般我们努力想完成一个目标时，最开始时动力最强，慢慢地斗志就弱了，一旦某次没完成任务，基本上就再也没有信心了。微习惯策略正好相反，它的核心是积极性，要让你几乎每一天都能成功。当你每一天都能感受到成功的喜悦时，你的自信心、自我效能感、动力都不会越来越弱，只会越来越强。

WEIGHT LOSS

第 4 章

关于瘦身的常见误区

瘦身不靠削减碳水化合物、脂肪和热量。

你的饮食会影响你消耗能量的方式。同理,你怎样消耗能量又会影响你吃什么(和怎么吃)。更微妙的是,你现在吃什么,会影响你以后吃什么。随着你发胖(或变瘦),这些又会影响之后你消耗能量的方式。

——加拿大医生、长寿与健康专家彼得·阿提亚(Peter Attia)

厘清概念

我们已经讨论了改变大脑和改变身体，现在该谈谈食物的营养了，这是关于瘦身的一个比较有技术含量的问题。在本章中，我们要回答"瘦身的最佳方法是什么"这个问题，在此之前，我必须先把几件事情说清楚。

观点不等于建议

接下来我会讲瘦身的机制是如何运行的，所以我可能会说"加工食品让人发胖"之类的话，大多数人（还有瘦身书的作者）马上就会以为，"加工食品让人发胖"这个观点就是指要想瘦身就"不能吃加工食品"。这就不太明智了。

策略是我们最好的武器，不做某件事只是许多瘦身策略之一。完全不吃某种食物是最笨的一种，因为这种策略正中我们的弱点（我们后面会深入讨论）。

"超加工"食品是什么

在这一章里，我会经常提到加工食品，严格意义上说，所有食品都会经过不同程度的加工。蔬菜和水果一般要经过清洗才会上市，其实这也算一种加工。肉制品的加工程序则更加多样（烤鸡的加工程度比热狗低得多）。在这本书里，当我说"加工食品"的时候，我指的其实是"超加工"食品，营养学与公共健康专家卡洛斯·蒙泰罗（Carlos Monteiro）对超加工食品做了以下定义。

> 超加工是从全食（whole food）中提取各种物质，然后把不同的物质组合成产品的过程。在超加工食品中，全食成分很少，甚至根本是缺失的。一般情况下，提取物质和生产产品都要经过一系列的加工，超加工的成品中通常含有少量或大量防腐剂和食品添加剂。这些产品都极其美味，保质期长，很多还是开袋即食的。这些产品利润率高，营销力度极大，是一系列加工过程中的最终产品。

比较食物时使用的单位

为了让后面的比较和例子更简单明了，我用100克作为各种食物的基本单位。食物的重量和热量含量之间的关系极其有趣，你会明白为什么吃蔬菜和水果会大幅减少你摄入的热量。这些数据会让你感到震惊。

尽可能简单，但不要过于简单

> 凡事应力求尽可能简单，但也不要过于简单。
>
> ——阿尔伯特·爱因斯坦

瘦身产业中一个最大的问题就是口号的过度简化，下面的几个说法在某些情况下是真实的，但并不适用于所有情况。

● 碳水化合物让我们发胖

● 吃多少卡，长多少肉

● 脂肪让我们发胖

这些关于体重增减的说法很流行，也很简单，但可惜违反了爱因斯坦的规则，因为这些说法简单得过了度。控制体重的生物机制极其复杂，我们可以在一定范围内用简单的方式来解释这种机制，但上面的说法过于简单，所以不够准确。

我们只有对一个问题有了透彻的认识，才能找到简单、真实、有效的解决办法。正因如此，这本书没有变成简单的一句话——"瘦身从点滴小事做起！"微习惯瘦身策略建立在大量深入的研究和分析基础上。

怎样找到简单有效的方法

当我们对一个问题有基本但还不够透彻的认识时，我们想出的方法会很复杂，下面这句话精妙地说明了这一点。

> 我本可以写一封更短的信，但我没有时间了。
>
> ——法国数学家布莱兹·帕斯卡（Blaise Pascal）

找到简单、明了、有效的方法是最费时间和精力的，计算机就是一个好例子。曾经的一台计算机有整个房间那么大，编程用的是打孔卡。要给庞大的计算机发出指令，你得在许多张卡片上的特定位置打孔，然后把卡片放入计算机。当时这个办法复杂而笨重，因为我们还没有完全掌握计算机技术。

随着我们对计算机的认识不断深入，计算机也在不断升级，变得比以前更小巧，更强大，更易于操作和理解。我们对计算机技术的透彻认识，让计算机变得更加简单好用。

认识不断深入，方法就不断接近爱因斯坦所说"尽可能简单"的理想状态。但如果认识完全错误，人们想出的办法就会看似简单而且正确，但实际上因为过于简单而不正确，瘦身产业的问题就在这里。我们做了大量的研究，投入了大把金钱，但肥胖率还是在不断上升，这说明我们对瘦身的认识还没有进步。

是碳水化合物让我们发胖吗

如果碳水化合物让我们发胖，为什么哈佛大学的一位教授吃了两个月的高碳水食物——著名的"蛋糕饮食"（The Twinkie Diet）——最后还减掉了27磅？为什么世界上这么多民族一直吃高碳水食物，但他们还是很苗条？要推翻这个说法很容易，因为人类吃碳水化合物的历史已有上千年，其间从未出现过体重问题。

但是用低碳水饮食来瘦身（在遵守食谱要求的前提下），短期内似乎很有成效。那么碳水化合物到底会不会让我们发胖？这个问题问得不对，因为"碳水化合物让我们发胖"这个概念本身就过于简单。

吃多少卡，长多少肉吗

如果计算热量是解决问题的办法，为什么根据传统的热量计算公式，我们的体重现在都该超过900磅了？还记得科学研究已经证明，激素可以长期调节食物摄入吗？还有脂肪设定点，这难道不是由中枢神经系统，而不是吃多少包100大卡的零食控制的吗？

还有，如果热量是影响体重的唯一因素，为什么这么多研究（我们在第1章中看到的）都给出了确凿的证据，表明现在控制热量会让我们以后变得更胖？科学已经证明，控制热量会降低新陈代谢率，让身体更容易储存脂肪。

当然我们摄入多少热量也很重要，对体重管理也有一定影响，但能说热量过剩就会让我们发胖，热量不足就会让我们变瘦吗？这个问题问得不对，因为"吃多少卡，长多少肉"这个概念本身就过于简单。

是脂肪让我们发胖吗

如果脂肪让我们发胖，为什么椰子油（里面的脂肪多到不能再多了，还主要是饱和脂肪！）似乎还能减掉肚子上的肥肉，帮助我们瘦身？为什么一些高脂肪的饮食还能让体重减轻？如果脂肪是瘦身的唯一障碍，那么高脂肪饮食应该不可能帮我们瘦身，但在很多案例中，事实似乎正好相反。

然而脂肪一般更不容易给人饱腹感，每克还含有更多热量。比起碳水化合物和蛋白质，人们可以吃下更多脂肪。那么脂肪到底会不会让我们发胖？这个问题问得不对，因为"脂肪让我们发胖"这个概念本身就过于简单。

上面这些说法都是只见树木，不见森林。想在短期内瘦身，有很多方法，这就意味着即使是最糟的方法（比如"蛋糕饮食"）也能被"证实有效"。"蛋糕饮食"并没有证明只有热量是最重要的，而是证明了如果你吃的东西不够多，你也许可以在两个月内短暂地瘦下来，我们早就知道这个道理了。要想瘦身，持续性非常重要，除非你只想瘦一个夏天。

瘦身的非热量因素

饮食方面影响体重的因素包括：食物的营养成分、热量集中程度、胰岛素抵抗情况、瘦素抵抗情况、炎症水平、基因、食物饱腹感和食物愉悦感（即快感回报系统）。这并不意味着瘦身的办法非常复杂——别忘了这本书讲的就是如何养成简单的微习惯——而是表明了计算热量是错误的，因为热量不是唯一的影响因素。我们吃进多少热量确实也很重要，但不是唯一重要的，也不是最重要的。

根据热力学第一定律，能量可以在不同形式间转换，但其总值保持不变。这条定律运用到我们的身体上，就意味着如果你摄入的能量比消耗的多，那么你的体重就会增加。这是显而易见的道理，就好像一个房间里挤满了小狗，如果一些小狗从房间里跑了出去，房间里的小狗就会变少。要想瘦身，关键的问题就是怎样让你的肥肉"从房间里出去了就不再回来"。

许多人采取的方法就是直接少摄入热量，多燃烧热量，造成热量缺口。这种方法在短期内行得通，但一直饿着肚子，又破坏新陈代谢，毕竟不是长久之计。你就算愿意为了变瘦整天饿肚子，也要每天面对各种诱惑和沮丧情绪的困扰，只有意志力超凡的人才能用这种方法瘦身。

此外，控制热量还会造成比饥饿更严重的后果。在第1章，我们看到许多研究表明，控制热量让老鼠和人极易发胖（你要是有老鼠朋友，请把这些研究结果告诉它们）。明尼苏达饥饿实验最主要的一个观察发现就是，如果摄入的热量太少，人们就会变得抑郁、情绪低落。用这种方法来改变身体状况，本来就违背了身体的本性，身体自然会做出反应。我们的目标不是让自己别再吃这么多东西（计算热量），而是弄清楚为什么我们会吃这么多东西 —— 生理和心理上的原因 —— 以及怎样改变这种情形。

关于减肥的真相

食物可以分为三类：全食、超加工食品和介于两者之间的其他所有食品。关于瘦身的"尽可能简单"（不是"过于简单"）的真相是，超加工食品是我们发胖并无法成功瘦身的主要原因。

超加工食品又能被分解为碳水化合物、脂肪、热量等物质，这时我们就遇到了问题。我们发胖不是因为其中某一种物质，而是所有这些物质再加上营养不足、炎症和低饱腹感。因此，我们不能把"超加工食品让我们发胖"和"未经加工的全食有助于瘦身"进一步简化。如果你仅凭加工食品的热量或宏量营养素，就（像许多人一样）得出一些大而化之的结论，那么你就会把许多高脂肪、高热量或高碳水但有益健康、有助瘦身的食物错误地包括在内。

接下来我们就来聊聊宏量营养素，然后再看看热量。

宏量营养素之战

现在，许多针对瘦身的讨论都围绕着宏量营养素（碳水化合物、脂肪和蛋白质），比如，美国心脏协会（American Heart Association）多年来一直在倡导低脂肪饮食。这种情况太糟了。

事情是这样开始的。20 世纪中叶，科学家们热切地想找出美国肥胖率和心脏病患病率快速上升的原因，到了 1955 年，时任美国总统的艾森豪威尔突发心肌梗死，科学家们的研究热情因此更加高涨。

后来，营养学家安塞尔·基斯（Ancel Keys）让我们相信，饮食中的脂肪是问题的罪魁祸首，因为他研究了七个国家的饮食习惯和心脏病数据，发现脂肪摄入量和心脏病密切相关。有些人认为基斯只选择了能支持他假设的国家，而忽视了像挪威和智利这样的国家。挪威人的饮食中脂肪含量很高，但心脏病患病率很低；智利人的饮食中脂肪含量很低，但心脏病患病率很高。

尽管如此，低脂肪饮食革命就此诞生了。食品业从业者非常喜欢这场革命，因为他们有了全新的营销点：低脂食品。他们只需要解决一个问题：是脂肪让食品更加美味。为了改进低脂食品的味道，他们在食品中添加了更多糖。食品口味的问题解决了，但人们也变得更胖了。近年来，越来越多的人开始相信，脂肪并非一无是处，而糖（以及所有常见的碳水化合物）则受到各领域专家和营养师的严格审视。

没几个人认识到，更大的问题是人们都在关注宏量营养素。许多人从妖魔化脂肪变成了妖魔化碳水化合物。我们现在有一场"脂肪和碳水之战"，还有一场"宏量营养素和热量之战"，但这两场战争都是错误的！

脂肪和碳水，哪一个是让我们发胖、无法瘦身的原因？两个都不是。有能促进瘦身的脂肪，也有不能促进瘦身的脂肪；有能促进瘦身的碳水化合物，也有不能促进瘦身的碳水化合物。

宏量营养素既不是问题，也不是解决办法。"唯宏量营养素论"认为煮土豆等同于炸薯条，等同于一堆糖，等同于糙米，因为"这些都是碳水化合物"。同样，椰子油等同于猪油，等同于反式脂肪，等同于饱和脂肪，等同于不饱和脂肪，等同于大豆油，等同于鱼油，因为这些都是脂肪。简直胡说八道。

我不是阴谋论者，但是……

如果加工食品业可以把瘦身的争论焦点从健康食物还是不健康食物，转移到宏量营养素还是热量——先说明一下，我这样说虽有玩笑意味，但也是为了引起思考——那么会发生什么呢？

加工食品业是很精明的。如果这个产业还是"唯宏量营养素论"

的幕后推手，那么他们就不只是精明，简直就是（邪恶的）天才了。加工食品业精心设计和生产了口感和味道都让人一吃就上瘾的食物，其用心良苦令人惊叹，但如果他们为了保持销售量增长而去操控我们对瘦身的看法，那这种谲诈的伎俩不拍成电影真是可惜了。

只关注宏量营养素，就像只计算热量一样，会把加工食品等同于普通食物，把各种食物简化成碳水化合物、脂肪和蛋白质，而所有食物，无论是否经过加工，都含有这些物质。当宏量营养素成为焦点，加工食品和非加工食物基本不再有区别。

如果牛油果和低脂小蛋糕的唯一区别是它们的宏量营养素不同，那么我们吃哪一个都可以，只要它的宏量营养素符合我们的饮食要求。又或者，因为小蛋糕很好吃，我们可以吃任何一种特制的小蛋糕，只要这种小蛋糕不含有我们认为不好的宏量营养素。食品科学家们可以发明低脂小蛋糕、无糖小蛋糕、低钠小蛋糕、无麸质小蛋糕，而且，既然有这么多饮食都是基于某些宏量营养素的，那么科学家们可以据此设计出更多产品，创造更高的销售额，获得更多的利润（而且上面提到的这些小蛋糕市场上真的都有）。

比欲望更强大的动力是什么？是恐惧。人们对脂肪的恐惧会促使他们选择脱脂酸奶（却含有大量糖）。如果他们害怕的是碳水化合物，他们会买含有人工甜味剂的甜点，而不是含有天然果糖的"可怕的"水果。比起一个为了开心而去吃普通小蛋糕的人，一个因为恐惧而去吃某种特制小蛋糕的人的钱更好赚。

对宏量营养素的普遍关注结合特制食品的发展，是利用恐惧开拓食品市场、刺激销量的终极武器。因为加工食品是在实验室里诞生、在工厂里生产的，所以科学家们可以随意操控其中的宏量营养素成分。不要脂肪？没问题。不要糖？简单。不要钠？搞定。然而，我们不能用这种方式改造天然食物。蓝莓是世界上最有助于瘦身的食物之一，但蓝莓永远都会含有一定的糖（果糖）。

人们普遍认为加工食品比天然食物有更大的优势，这是巧合吗？有可能是，但看看关于肥胖的数据，你会发现大量研究显示，肥胖问题的犯罪现场遍布着加工食品的指纹，数百万人因为肥胖问题失去生命，数十亿人遭受着肥胖问题及其引发的健康问题的折磨。这不禁让你思考，我们究竟为什么还在紧盯着宏量营养素不放？即使加工食品的迅速崛起和全世界肥胖率的快速上升纯属巧合（就像两个动作一致的花样游泳运动员一样），还是有太多人依然在关注"脂肪和碳水化合物"。

请想一想，自从有了食物，人类就开始吃脂肪和碳水化合物（这可是相当长的一段时间了）。在争论造成肥胖问题的真正原因时，我们必须要有常识。肥胖率上升不是从人类开始享用脂肪和碳水化合物开始的，而是从有了这些新的、超加工的脂肪和碳水化合物开始的。

亚洲饮食中碳水化合物含量一直很高（因为白米饭含有大量碳水化合物），但整体上亚洲人一直很健康，身材也较瘦。白米比糙米的营养价值低，但白米依然属于全食。斯堪的纳维亚半岛的死亡率很低，肥胖率也相对较低，但他们的饮食中脂肪含量很高。这并不是因为他们吃的是脂肪还是碳水化合物，而是因为相较肥胖问题普遍的国家，他们摄入的脂肪和碳水化合物的质量通常更好。

说到质量，我们来谈谈热量，关于热量，卡路里数是一个常见但错误的关注焦点。

同等卡路里的不同意义

你摄入的每一卡，都会对你的激素和新陈代谢产生独特的影响。热量相同的两种食物会产生不同的生物满足感、可感知的满足感、饱腹感和胰岛素反应，都含有不同的营养成分（营养物质影响健康状况和器官功能），都会导致不同的能量分配，所有这些因素都可以在长期或短期内对你的行为和体重产生影响。即使这些因素会影响你对食物的选择，包括你对自己需要吃多少热量的感受，"吃多少卡，长多少肉"的理论还是认为，这些因素都是无关紧要的。

我要说明一点，吃太多正确的食物也会让你长胖——这是有可能的——但是很难发生，因为这些食物的每一卡都能给你带来很强的饱腹感，而且一般营养价值都很高，有很多促进身体修复的物质。况且，我们也不能总是行事极端，非要用正确的食物把自己撑死。饥饿程度从低到高可分为饿、饱、很饱和"撑到腰带都断了"，我们要让自己每顿都能吃饱，而不是从严格控制热量一下子变成暴饮暴食（即"悠悠球节食法"）。如果我们吃正确的食物，并让自己吃饱，我们就能变瘦，同时感到满足，还不会遇到饿肚子带来的许多问题。

一大盒芒果 vs. 一小块士力架

有一天晚上，我吃了一大盒 10 盎司①的鲜切冷冻芒果。芒果很好吃，我吃了很多，心想：这次我真的吃多了。然后我拿起盒子，发现我只吃了 200 大卡热量！一块 52.7 克的士力架都有 250 大卡的热量，一盒芒果的重量是一块士力架的 5 倍多，其热量却比一块士力架还要少 25%！

也不能说士力架的热量高是因为脂肪含量高。牛油果 82% 的热量都来自脂肪，但 150 克的牛油果只有 240 大卡，重量是士力架的 3 倍，几乎都是脂肪，但热量仍然比士力架低。二者的区别在于热量密度和水的含量。从心理感受角度看，吃一整盒 10 盎司的芒果，可能比吃一块士力架更让人感到满足，但芒果的热量更少，营养更多。

除非是想让自己饿肚子饿得很精确，否则你没有必要计算自己吃了多少热量。每一卡的全食总是能带来更强的饱腹感，所以你只要吃对了东西，就不需要计算热量了（如果你认为有些零热量的"瘦身食品"的饱腹感更强，那是因为你没考虑到这些食品对你的食欲有什么中长期的影响）。

人们喜欢用各种方法来假装不健康的饮食习惯能瘦身，其中最受欢迎的一种就是计算热量。他们说，你可以吃垃圾食品，只要热量没有超标就行。因为一般加工食品的热量很高，饱腹感很低，所以每天计算着热量，心安理得地吃着不健康食物的人，只会每天都

---

① 1 盎司约合 28 克。——编者注

吃不饱，处于半饥饿状态，而半饥饿状态最终会让人发胖。

计算热量就像用一些雕虫小技来对付一个强大的对手，你可能出其不意，打他个措手不及，但一旦他反应过来，看穿了你的小把戏，你就输定了。

计算热量还算有些优点，可以让我们监控自己的进食量，提高对饮食的重视，学会节制。但很多人因此认为，所有热量都是一样的。这种观点极其不正确，还会阻碍我们瘦身，我们必须彻底将其抛弃。你可以不计算热量，依然做到饮食节制。饱腹感就是大自然替你计算热量的办法。

饱腹感的重要性

饱腹感就是满足的感觉，或者通俗地讲，就是不觉得饿，不太想或者完全不想吃东西的感觉。

仅凭饱腹感就可以推翻热量计算理论。因为如果计算热量是合理的，那么我们吃进去多少热量，就该直接决定我们感觉有多饱，但事实并非如此。有些食物会让我们感到更饿，而有些食物会让我们有饱腹感。计算热量的方法行不通，是因为这个理论没有考虑到饱腹感，如果你长期处于没吃饱的状态，又能轻易得到食物，那么你最终会把少吃的全补回来（我敢和你打赌）。

可以说，饱腹感是瘦身过程中最重要的因素。如果你吃的东西可以让你变瘦，又能让你在生理上感到完全满足，那么你就更有可能持续瘦身成功。影响食物摄入的因素还有很多，但要想正确瘦身，首要的、最基本的目标就是吃饱。我们怎样才可以既吃饱，又感到满足，还减掉赘肉呢？这真的有可能吗？有可能，看看几个例子，你就明白为什么了。

因为我们很难直接、精确地衡量饱腹感，所以我们要先用食物的重量来衡量。食物占据胃的多少空间，在一定程度上决定了饱腹感有多强。瘦身手术就利用了这个道理——把胃变得更小，你就能很快吃饱，而且会吃得更少。还有一个更安全的办法可以让胃变小，就是吃一些能很快让你感觉饱但热量较少的食物。我们现在就来比较一下一些食物的热量和重量，这样你大概就会明白天然食物的饱腹感有多强了。

算算这些热量

一包 8 盎司薯片的一半约有 100 克，536 大卡。半包薯片可不算少，但一口气吃完还是很容易的。薯片虽然热量很高，但很不容易让人吃饱，有些研究甚至表明，这种高脂肪、高碳水、高热量的加工食品会让我们想吃更多。

要想获得和 100 克的半包薯片相同的热量，你也可以吃 224 克鸡肉，这么多鸡肉能让你吃得很饱，而且质量大概是薯片的两倍。你也可以试试吃 483 克的糙米或者西蓝花。不过，我想西蓝花对你来说可能太早了。如果你觉得比起薯片，鸡肉和糙米已经是比较极端的例子，那么下面的数据会让你目瞪口呆。

作为半包薯片的替代品，你可以吃1000克西蓝花。我只是开个玩笑，准确说不该是1000克，不过不是因为太多，而是因为太少。这些西蓝花（质量是薯片的10倍）根本不够，1000克西蓝花只能给你340克热量，要想得到半包薯片的热量，你必须吃1567克西蓝花。是的，这么多西蓝花才会有半包薯片的热量。先不说一顿吃完，你就算想用五天吃完这么多西蓝花，我都只能说一句"祝你好运"。

那草莓呢？要想抵上半包薯片的热量，你得吃3.6磅（1624克），也就是说，一整包薯片或一顿普通快餐的热量相当于7.2磅草莓。我不是在异想天开，这些信息在美国农业部网站上都可以查到。

但草莓里的糖才是问题，对吗？也不算是，3.6磅草莓中只有79.6克糖，比一瓶32盎司①的碳酸饮料中的糖要少得多，而且你得把3.6磅草莓全部吃完才能摄入这么多糖。

"吃多少卡，长多少肉"的理论会让你认为"这一小包薯片只有160大卡"，这种角度是错误的。因为这样看来，加工食品也是瘦身的一个可行方案，然而，造成全球肥胖问题的最主要的原因就是加工食品。如果把一定的热量换算成各种食物，天然食物会是量最大的。（我们马上就会谈到低热量的加工食品。）

许多人会认同，节食和计算热量最糟糕的一个地方就是饥饿。但是如果你吃的是正确的食物，你很容易达到摄入更少的热量，同时还不会饿着自己的目的。2016年的一项研究发现："食物的加工程

---

① 1美制液体盎司约合30毫升。——编者注

度越高，血糖反应越大，带来的饱腹感越低。"

我有时候早餐吃三个煮鸡蛋（150克），再喝一杯水，对我这种早餐吃得不多的人来说，这样就能吃得很饱了。每个鸡蛋78大卡，一顿早餐不会超过250大卡。2008年的一项研究发现，早餐吃鸡蛋有助于瘦身。相比早餐吃贝果面包的人，早餐吃鸡蛋的人BMI指数的下降幅度要大61%。

我们不需要科学研究就知道，鸡蛋能带来很强的饱腹感。而且鸡蛋是单一食材的食物，也是加工程度最低的食物，这些因素也能让我们推测出这个结论。

饱腹感谎言

我们常常会欺骗自己。我们比较加工食品和全食的体积，然后得出结论：全食不如加工食品能让人吃饱。而事实正好相反，全食带来的饱腹感比同等热量的加工食品要多好几倍。

"我挺想吃沙拉的，但吃完沙拉还是觉得饿。"我相信你之前肯定听过或说过类似的话，问题在于沙拉的热量可能只有你平时一顿饭的20%。这就好像在说："我挺想吃一个墨西哥卷饼，而不是三个，但是吃完一个还是觉得饿。"如果你觉得饿，那说明你吃得太少，你需要多吃一些沙拉或者其他东西。

健康的食物就算是吃到撑，总热量依然很低。一项研究发现，餐馆里的一顿饭平均有1327大卡，我们来看看，这么多热量相当于多少健康食物。

0.5 磅（227 克）鸡肉：542 大卡

1 磅（454 克）煮土豆：395 大卡

2 磅（907 克）菠菜：209 大卡

3 磅（1360 克）生菜：204 大卡

总计 6.5 磅（2948 克）食物：1350 大卡

好吧，稍微超过了餐馆里一顿饭的热量，但这可是 6.5 磅食物。如果你吃的是真正健康的食物，你就不用担心吃得太多或不饱。其中有些食物的热量还很高（相对而言），比如鸡肉和土豆，但吃下这些食物后的饱腹感也很强。土豆可谓饱腹感最强的食物。

请不要误解这些数据。几乎所有天然食物的每一卡带来的饱腹感都比加工食品高得多，所以我们在吃天然食物时摄入的热量自然要少很多。此外，我们并非力图把"只有热量最重要"变成"只有每一卡带来的饱腹感最重要"。每一卡带来的饱腹感确实比单纯的热量更重要，但因为其他一些原因，高脂肪、高热量的天然食物依然是瘦身的绝佳选择。

两勺橄榄油（27 克）就有 238 大卡（热量计算者的噩梦）。但有研究发现，28 名女性中，饮食富含橄榄油的一组中 80% 的组员减掉了 5 磅多体重，而低脂饮食的一组中只有 31% 实现了这个目标。为什么会这样？现在我们就来谈谈，让未加工食物成为瘦身佳品的"其他一些原因"。

瘦身关键：非加工食物

未经加工的、天然的、真正的食物对瘦身至关重要。我知道你以前听过这句话，但我要从生物学角度向你解释为什么是这样。这些生物上的因素会影响体重调节，但和热量没有任何关系。

炎症

炎症本身不是坏事，而是身体对已经发生的坏事（如感染、外伤等）做出的反应，是身体对抗入侵者、修复受损组织的方式。当你扭伤了脚踝（我的两个脚踝在打篮球时都扭伤过），白细胞和其他免疫细胞会聚集到受伤的地方，流向脚踝的血液增加，从而造成肿胀。自身免疫问题（如过敏）也会引发炎症，因为身体认为需要攻击一些本不需要攻击的东西，这就像自己对着自己的脸打了一拳，只不过是在你的身体内部发生的。

肥胖是一种炎症性疾病。科学研究的基本观察结果表明：超重者存在持续的、更高的全身性炎症水平。这也许可以解释，为什么肥胖的人患糖尿病、心脏病和许多慢性病的风险更大。

是炎症造成肥胖，还是肥胖造成炎症？二者互为因果，所以不是哪个先哪个后的问题，而是怎样打破这个循环的问题。

维持这个循环的就是炎症。炎症干扰瘦素（脂肪细胞释放的激素，可以告诉大脑"我吃饱了"）释放信号，降低了饱腹感。大多数超重和肥胖者血液中的瘦素水平一直很高，但"我吃饱了"的信号却没有引起反应，这就是瘦素抵抗（leptin resistance）现象，过去10～20年间肥胖问题的研究焦点。科学家还发现，"血浆中的瘦素水平和炎症标志物有相关性"，而且"感染和炎症期间，瘦素水平迅速上升"。

如果炎症能直接或间接地让人对瘦素的敏感性降低（事实似乎就是这样），那么炎症也许就是造成肥胖的一个主要原因。一个人要是不知道什么时候该停止进食，那就有问题了。

这是对加工食品热的一大反击，因为加工食品中有许多能引发炎症的物质，如调味剂、色素、脂肪、乳化剂、甜味剂和防腐剂。

2015年的一项研究发现，乳化剂与肥胖和肠胃疾病相关，因为乳化剂能改变大鼠的肠道菌群，从而引发炎症。反式脂肪和女性的全身性炎症相关。对食用色素的研究表明，食用色素对动物有毒。十几种用于给食物添色的化学物质因具有毒性，已经被美国食品药品管理局（FDA）禁止。（这不禁让你怀疑，现在的色素真的安全吗？）Omega-6脂肪酸常常以植物油（如大豆油）的形式出现在加工食品中，与Omega-3脂肪酸相比，比例过高的Omega-6脂肪酸会引发炎症（以及许多其他疾病）。

味精（MSG）是一种提味剂，多存在于薯片、饼干和餐馆烹制的食物中，会导致大鼠较高的炎症水平。

加工食品中过量的糖也会引发炎症。营养学家朱莉·达尼卢克（Julie Daniluk）向美国有线电视新闻网（CNN）表示："饮食中糖分太多，体内的晚期糖基化终末产物（AGEs）会增加。AGEs即蛋白质和葡萄糖分子结合的产物，会使蛋白质受损、聚合。当身体试图分解AGEs时，免疫细胞会释放出带有炎症信号的细胞因子。"

精加工的碳水化合物也是一样，如白面包、比萨饼、汉堡胚和大部分麦片。这些食物能被迅速转化为葡萄糖，然后进入血液。精粮的问题还是出在加工上。加工基本上就是"把食物的生命消灭"的过程，通过加工，营养成分流失了，食物被分解，变得更像一剂葡萄糖注射液，而不是需要消化的物质。

一种加工食品中可能含有多种引发炎症的物质。不要因为许多"养生达人"天天谈论味精和反式脂肪酸，就对这些营养学热词习以为常。现在有许多证据表明，这些物质对我们极为有害。加工食品中能引发慢性炎症的物质不会立刻伤害我们，但是会慢慢地让我们发胖，生病，进入不健康的状态。还有第二层损失：要不是因为加工食品，我们本可以吃未经加工的水果和蔬菜，这些果蔬中富含抗炎症的物质。

当你选择吃一块充满调味剂、色素、乳化剂的糖果，而不是一个可口的芒果时，你不仅会摄入许多能引发炎症的物质，还会错过许多能有效抗炎的物质。

维生素、矿物质和类黄酮

天然的全食富含人体可吸收的微量营养素[①]，这些营养素可以让

---

① 指矿物质和维生素。——编者注

身体更健康。食物的加工程度越高，就有越多的微量营养素被破坏。

不能直接吃复合维生素片吗？答案是，如果饮食中有许多蔬菜和水果，那么维生素片的确可以补充一些饮食中没有的营养物质，但这些营养物质的生物利用度（身体对物质的吸收和利用程度）各不相同。

你在商店里买的许多维生素制剂都是人工合成的，而不是直接来自食物，这不一定不好，但也的确让人们产生了一些疑问，这些维生素的质量怎么样？是不是适合我们的身体？比较一下富含维生素 C 的人工合成的"橙汁"、维生素 C 片和天然的橙子，为了方便讨论，我们假设你能吸收橙汁饮料和药片里的全部维生素 C，即使如此，你还是丢掉了真正的橙子里含有的类黄酮、各种酶、矿物质以及它们的协同作用！

注册营养师杰基·厄尔纳哈尔（Jackie Elnahar）称："把维生素从天然食物中提取出来后，你得到的是整体中的一个碎片，这样做是有后果的。大自然想让你吃的是完整的食物，因为所有维生素、矿物质、抗氧化剂和酶会协同作用，为你的身体提供营养，让它达到最健康的状态。如果把维生素或矿物质从食物中单独取出，身体只会吸收一小部分，可以利用的部分甚至更少，因此生物利用度就会大打折扣。吃全食的时候，生物利用度是最高的。"

水分

大多数水果和蔬菜的水分含量超过80%，其中许多甚至超过

90%（如黄瓜、西红柿、西瓜、草莓、西蓝花和生菜等）！它们的水分含量高，营养丰富，容易让人感到饱腹，热量也低。

许多加工食品的成分和蔬菜、水果完全相反，有些加工食品的水分含量甚至低于10%。水分含量低意味着食物给人的饱腹感更低，补充给人体的水分更少。如果你的目标是摄入更多热量，让体重增加，那么加工食品就是你的不二之选，否则，吃全食才是瘦身的办法。

吃了更多加工食品的瑞典人

根据一项长达50年（1960—2010 年）、范围覆盖瑞典全国的研究，瑞典人的非加工食物（蔬菜、水果等）摄入量降低了2%，超加工食品摄入量增加了142%。是的，整整百分之一百四十二！其中，碳酸饮料（增加了315%）、薯片和糖果（增加了367%）变得越来越受欢迎，同时，瑞典的肥胖率从1980 年的5% 增至2010 年的11%，增加了一倍多。惊讶吗？我并没有提到脂肪、碳水化合物或者热量，我只是告诉你，他们吃的加工食品变多了。

我知道，"相关不代表因果"，因为两个毫不相关的变量也可能呈现相关关系，火鸡的出生率可能恰好看似和亚利桑那州公民的奶昔消费量相关，但这并不代表两者有因果关系。但是，如果某种饮食和体重变化呈现了相关性，那就不同了，因为我们知道，饮食影响体重。加工食品摄入量增加确实是瑞典肥胖率上升的主要原因。你可以说问题在于这些食品的热量，因为加工食品的热量很高；你也可以说是因为加工食品提供的碳水化合物和脂肪太多，这两种东西都和暴饮暴食有关。但是，为什么要把这么简单、清楚的问题复杂化呢？问题就出在加工食品上。

如果你说问题在于热量，精明的食品公司就会生产低热量的超加工食品，这些食品会扰乱激素水平，刺激食欲。如果你说是脂肪惹的祸，我们已经试过了，低脂革命过后，人们反而变得更胖了。如果你说是碳水化合物的错，这个概念的确囊括了大多数不好的加工食品，但也把许多健康的全食一竿子打翻了，而且把一些添加了大量甜味剂、极不健康、能让人发胖的食品捧上了神坛。但如果你说该怪超加工食品，那就包括了过去一个世纪以来让我们发胖的所有食品，并把肥胖问题激化之前我们吃的健康食物排除在外。

我们着迷于用宏量营养素来解释发胖现象，但这种理论不仅太宽泛、无用，而且在界定不健康的食物时限制性太强，很难贯彻。我没有什么"健康燕麦棒"要卖给你，所以我没必要给真相裹上一层糖衣，真相就是，根本不存在什么健康燕麦棒。

基因的影响

有些人吃了很多加工食品却依然很瘦，这是基因决定的，就像有些人吃的东西都很健康却依然很胖一样，但这些人只是少数。

70% 的美国人体重超标，但他们的饮食表明，基因的影响可能很小。2016 年 3 月发表的一项针对美国人的横断面研究发现，"美国人的能量摄入构成中，超加工食品占 57.9%"。根据这个数据，我想，20%的美国人可能真的有保持苗条的基因，剩下的人一边吃着让人发胖的食物，一边慢慢发胖，这再正常不过了。

呼应了瑞典那项研究结果的许多数据、肥胖与西方饮食的密切联系、加工食品和肥胖问题的持续相关性等事实很难让人不相信，加工食品就是肥胖问题的源头。只要舆论不把矛头对准加工食品，食品公司就有充足的操纵空间，设计出各种"健康的"加工食品。是时候停止这场闹剧了。

食物质量的决定因素是食物的加工程度。牛油果82%的成分都是脂肪，但牛油果不会让你发胖；水果含糖，但水果也不会让你发胖。你可以添加盐和糖等调味品，把牛油果做成牛油果酱，这样牛油果就能让你发胖，但不要埋怨牛油果本身。你可以在连锁餐厅点一份加了糖或糖浆的浆果汁，但不要埋怨浆果本身。你可以往一份健康的沙拉上淋一层含糖和大豆油的沙拉酱，但不要埋怨生菜本身。

我们之所以针对脂肪和碳水化合物，是因为的确有一些不好的脂肪和碳水化合物在让我们发胖，但这些需要我们避开的脂肪和碳水化合物都只存在于加工食品中。

钱是一切问题的根源

肥胖率还在上升，而可供我们选择的"健康的"加工食品却越来越多。看看货架，有大地色系外包装、风格质朴的有机加工食品，有不使用人工甜味剂的碳酸饮料。换句话说，我们能以"更健康的方式"发胖，开心吗？

如果人人都知道，加工食品在对这么多人造成伤害，那么为什么各家公司不干脆转去推销、售卖全食呢？因为钱。公司的目标就是获得利润，如果他们能制造一种诱人、美味、让人上瘾、生产成本低、需求量高的食品，为什么不去卖呢？美国是世界加工食品中心，这种情况在很大程度上是由商业驱动的。一个普遍规律是，食物的加工程度越高，利润就越高。

农作物补贴提高利润率

农民种植某些农作物，政府会给农民补贴，因此这些农作物的产量会增加，价格会降低。比起种植不享有补贴的农作物，农民更愿意种植享有补贴的农作物，从而获得了更大的金钱激励。

在美国，享有补贴的三种主要农作物是玉米、大豆和小麦。想找到不含这几种原料的加工食品和超加工食品是很难的事。这不是偶然。你知道吗？上百种常见的原料都来自这三种农作物。纪录片《玉米大亨》（King Corn）探索了玉米在美国扮演的角色，以及玉米怎样进入美国人餐桌上几乎所有食物之中。如果我们只吃玉米粒，那没什么问题，但是从整根玉米中提取的各种物质不同于真正的玉米，这些物质会对你的身体产生不同的影响。

大豆油无孔不入

20世纪40年代，人们认为大豆油"既不适合生产工业油漆，也不适合生产食用油"，而现在，大豆油随处可见。美国人食用的所有油中，大豆油占80% —— 整个美国食用油的80%！

你见过在美国有谁用大豆油做菜吗？我没见过。但你如果去看看任何一种加工食品的配料表，肯定能找到大豆油。在有机食品商店，我找不到不含大豆油的沙拉酱，所以我只能另买橄榄油和醋做沙拉酱。

20世纪还出现了许多其他植物油，但因为在美国种大豆享有补贴，大豆油成了制作加工食品时最受欢迎的食用油。

添加糖和肥胖不可分

美国还有一种享有补贴的重要农作物 —— 甘蔗。

巴里·波普金（Barry Popkin）教授称，现在的便利店中，75%的食品和饮料都含有添加糖（added sugar）。我去一家有机食品商店买东西，商店里卖的应该都是健康食品，但如果我想买不含甜味剂的食品，我的选择就变得十分有限。沙拉酱、面包、番茄酱、速冻食品、燕麦棒、麦片等食品中都添加了糖或其他甜味剂。如果你想挑战自己，试着去找一种不含添加糖的麦片或燕麦棒，可不是什么容易的事。你还可以去找一种不含添加糖的面包，难度会超乎你的想象。

如果商店里75%的食品都含有添加糖，且其中许多添加糖是从玉米中提取的高果糖玉米糖浆（HFCS），那么这说明这里存在着数十亿美元的生意，许多大公司从这些以糖为基础的食品中获得了利益。这些公司会保护这些食品，即使这样做会危害现代社会人们的健康状况。没有什么公司会为了全人类而牺牲自己，公司的存在本来就是为了利润，而不是公众的利益。

如今的许多国家更青睐含添加糖的超加工食品，人们更关心的也是其他人是不是在吃这些东西，而不是它们对我们有什么影响。我们往往认为，如果其他人都在吃这些东西，那它们肯定没有问题，但不幸的是，"其他人"都发胖了，变得更容易生病了！说得更准确些，2014年有19亿成年人——几乎是世界人口的三分之一——体重超标，在美国，大约70%的人体重超标或有肥胖症，这会对社会造成不良影响：如果到处是体重超标的人，那么人们怎样纵容自己发胖，整个社会也会以同样的纵容态度对待其他事。

看看身边的一切，你会发现人们对加工食品非常纵容，甚至接近崇拜。如果你的一个朋友晒了一张经过加工的"安慰食品"的照片，大家的回应都是很积极的。考虑到加工食品给人带来的伤害，人们对加工食品的态度可以说是非常友善了。

如果利润至上，那也难怪市场上全是加工食品了。如果利润至上，那就难怪这么多食品中都有大豆、玉米和小麦了。如果利润至上，那就难怪商店里75%的食品都有添加糖了。

商业决策主要由金钱决定，因此食品变得越来越不健康，利润反而越来越高；因此有些农作物的种植比例过高；因此肥胖率持续上升，而且可能会继续上升。这不是阴谋论，不过是因为公司忠于股东而非现代社会人们的健康状况。还有，别忘了，人们喜欢吃那些对健康有害的食物。

我们依然有能力做出改变，我们依然可以选择吃什么食物，而且我们的选择会逐渐改变食物的未来发展趋势。你可以做出的最重要的饮食选择，可能就是关于添加糖的。添加糖对我们的体重和健康都十分有害，而且它几乎无处不在。

各种甜味剂：百害而无一利

食用精制糖与肥胖症、痛风、糖尿病、心脏病等疾病的患病风险增加有关，甚至还与大脑受损有关。减少糖的摄入量后，新陈代谢会明显改善。这一点很重要，因为肥胖症主要是一种新陈代谢疾病，这也是为什么减少糖的摄入量是瘦身的首要选择（以及为什么低碳水饮食通常在短期内效果显著）。

近半数美国人每天都喝含糖饮料。含糖饮料的热量大约占美国人摄入总热量的10%，这是造成美国肥胖问题的一个主要原因。你知道吗？自20世纪50年代以来，餐饮业提供的杯装碳酸饮料的量已经变成最初的3倍了。

碳酸饮料量的进化（数据来自哈佛）

20世纪50年代以前：6.5盎司

20世纪60年代：12盎司

20世纪90年代：20盎司

这些只是标准杯的量而已，现在电影院和快餐店的大杯量高达64盎司（这么多碳酸饮料大约含192克糖）。20世纪80年代早期，大多数碳酸饮料又经历了一次不幸的改变 —— 饮料中的甜味剂从蔗糖变成了高果糖玉米糖浆。添加糖不利于健康，会让人发胖，而高果糖玉米糖浆这种实验室产物似乎比添加糖的害处还要大，尤其是对我们的体重而言。

高果糖玉米糖浆

普林斯顿大学的研究人员分别用高果糖玉米糖浆和蔗糖对大鼠做了一些实验，以下是他们的研究发现：

● 喝下低于碳酸饮料含糖量的高果糖玉米糖浆后，所有大鼠都发胖了，没有一只例外。即使让大鼠吃下高脂肪食物，你也不会看到这种现象 —— 不会出现所有大鼠的体重都增加的结果。

● 大鼠喝高果糖玉米糖浆会发胖，但喝蔗糖浆不会。

● 根据美国疾病控制与预防中心的数据，在高果糖玉米糖浆因其成本低廉而成为美国饮食中广泛应用的甜味剂后的40年间，美国的肥胖率迅速上升……高果糖玉米糖浆被用于各种食品和饮料，包括果汁、碳酸饮料、麦片、面包、酸奶、番茄酱和沙拉酱中，美国每年人均摄入60磅高果糖玉米糖浆。

● 和高果糖玉米糖浆不同，从甘蔗和甜菜中提取的蔗糖，其每一个果糖分子都与一个相应的葡萄糖分子结合，因此它必须再经过一道新陈代谢步骤才能被身体吸收利用。

我们的身体必须更努力地工作，才能分解和消化天然食物，我们可以把消化过程看作身体内部发生的锻炼，这个过程会燃烧更多热量，同时让身体有时间合理地吸收营养物质。糖比大多数食物更容易吸收，而高果糖玉米糖浆比糖还容易吸收。

人工甜味剂

人工甜味剂（artificial sweetener）也不是理想的选择。它对健康的影响目前尚不明确，有些研究认为它们不会带来负面影响，有些研究又显示它们和许多疾病相关，包括癌症。如果你只愿相信那些认为人工甜味剂没有负面影响的研究，我尊重你的选择，但是你需要知道，人工甜味剂会破坏新陈代谢，这一点基本是确定的。

有一项研究表明，添加人工甜味剂的饮料会大大增加人们患2型糖尿病的风险（影响比添加糖的饮料还要大），而100%纯果汁饮料就不会带来这种影响（提醒你一下，果汁依然会让人发胖。另一项研究表明，添加人工甜味剂的饮料与代谢综合征的患病风险增大相关，最让人不安的是，有一项研究表明，人工甜味剂会改变肠道菌群，从而导致葡萄糖不耐受。

为什么人工甜味剂会让新陈代谢出现问题？因为它似乎会扰乱身体内部的回报系统。食物可以带来生物上的满足感，这种满足感分为两个层面：味觉上的满足和摄入后的满足。首先，我们的舌头尝到美味的食物，味蕾便告诉大脑："哇，这是甜的!"于是我们就得到了味觉上的回报。然后，我们把食物吞下去，食物参与新陈代谢，其中的营养成分会带来第二层面的回报。这种回报系统会帮助我们调节食物摄入量，因为摄入食物后，我们对食物的渴望会下降

（按常理来说应该是这样）。然而，人工甜味剂带来的味觉满足比糖带来的要少，而且几乎不能带来任何摄入后的满足（因为人工甜味剂不是食物）。

人工甜味剂对身体耍了个小花招，但我们得到的并不是我们想要的结果。我们无法骗过第二层回报系统，因为这一层面的回报以食物带来的能量为基础。

零热量的甜味饮料看起来十分美好，美好得不像是真的，因为它的确不是真的。我们之所以喝这种饮料，就是既想从甜味中得到满足，又不想摄入热量。说实话，这个想法挺不错。但当这种饮料不能被消化，不能提供能量时，身体就会知道它不是糖。如果我们非常想要某种东西（糖），而且一直受到这个想法的刺激（零热量甜味剂），那么我们的渴望只会更强烈。

如果你还对老鼠感到好奇的话，不妨看一看它们的情况。研究人员随机赋予热量不同的食物不同的口味。大鼠在尝过代表低热量食物的口味后，会吃掉更多东西。这项研究提出了一种假设：食物的甜味和其所含热量不匹配，会导致补偿性的过度饮食，使摄入的能量大于消耗的能量。

无回报？免谈

人工甜味剂不能带来生理层面的回报，这是个问题。"替代"的概念对改变行为而言至关重要，但新的行为要能带来相似的回报才行，因为回报对我们的行为有强大的指导作用。人工甜味剂是糖的一种替代品，而且不含热量，但它只能激活一个回报系统，对于想减少甜食摄入量的人而言，这种低回报其实会带来负面影响。

身体不能得到满足——很有可能是因为缺乏摄入后的满足感——会让我们对食物的渴望更加强烈。回报变少可能导致肥胖。

人工甜味剂不只是比糖甜一点，它们比糖甜几百倍。试想，如果有种东西比糖甜得多，从而让你期望更多的回报，但这种东西经过消化，最后几乎什么回报也没带给你，那么会发生什么呢？你会变得失望和沮丧。即使你没有感受到这种失望，请放心，你的身体也会感受到，当你的身体认为回报缺失，身体便会隐蔽地（或不是那么隐蔽地）想办法把回报补回来，可能是通过更强烈的渴望，也可能是告诉你"只吃这一次，下不为例"。不管怎样，身体会用尽一切办法让你放纵自己。

人工甜味剂只能激活一个回报系统（而不是带来满足），因此只会刺激我们。刺激会让渴望更强烈。正是因为人工甜味剂是甜的，它们会让我们更渴望糖，对糖更加依赖。这种重复暴露（repeated exposure）行为会塑造你的口味偏好。

最后这句话对整本书的内容至关重要：重复暴露会塑造你的口味偏好。我们的饮食习惯和其他习惯没什么不同，那些常常吃含有人工甜味剂的食品的人，会把自己训练成一个"无糖不欢"的人，而"无糖不欢"会让人发胖。

一项长达九年的研究观察了含人工甜味剂的饮料的摄入量和肥胖率之间的关系，根据我们前面谈到的内容，你能猜出他们的观察结果吗？研究发现，"最小ASB（即含人工甜味剂的饮料）摄入量和所有的结局指标之间呈明显的正向量效关系，结局指标已根据BMI指数基线和人口及行为特点进行调整"。

上文提到的"结局指标"就是超重和肥胖，也就是说，摄入含人工甜味剂的饮料最多的人，增加的体重也最多。对大多数人而言，这个结果看起来有些不可思议，但你和我现在都知道，食用人工甜味剂的人其实一直在刺激自己，直到完全放纵自我。

其他甜味剂

甜菊糖可能比许多人工甜味剂健康一些，因为它是天然的。甜菊糖很甜，热量很低，而且带来的长期健康问题似乎比人工甜味剂要少，但问题是，甜菊糖也不能完全激活大脑中的回报系统，所以会造成和人工甜味剂一样的问题。这种问题不仅关乎健康，更关乎行为 —— 食用代糖会增加你对真糖的渴望。

木糖醇、麦芽糖醇、山梨糖醇、赤藓糖醇等糖醇的热量比蔗糖更低，甜度和蔗糖差不多。这些糖醇存在于天然食物中，但常常被提取出来，用在各种加工食品中。如果你坚持要用代糖，那么这些糖醇可谓最佳选择，但是要小心，糖醇会引起肠胃不适。

在美国亚马逊上，5磅重的哈瑞宝（Haribo）小熊橡皮糖页面上有几条超级搞笑的评论，这些评论在网上已经传疯了（如果你想开心大笑一会儿，去看看这几条评论就行了）。这种橡皮糖用了麦芽糖醇作为甜味剂，有些人似乎低估了麦芽糖醇的通便作用，为此付出了代价。有一条评论把这种橡皮糖称作"小熊橡皮清肠糖",所以可不要小看糖醇!

最受欢迎的糖醇是赤藓糖醇和木糖醇,但是要注意,木糖醇对狗是有毒性的。

总之,你要是想吃一些甜食,首先要吃水果,其次是真正的糖,否则会冒不必要的风险,让自己发胖。此外,真正的糖不会像人工甜味剂那样,给你一种虚假的安全感。

为水果辩护

如果说糖对健康有害,非加工食物对健康有益,那么水果和果糖含量相对较高的非加工食物应该处于什么位置呢?

低碳水理论让许多人开始回避水果,这就大错特错了。许多水果和蔬菜的碳水化合物含量是很高,现在的选择育种和各种农业科技也已经让水果和蔬菜发生了一些改变,但所有这些还不足以在世界范围内导致肥胖率猛增。

我看到的关于水果的研究,结论都是一致的:水果有助瘦身。所有持相反意见的人都会引用两种理论:水果的热量,以及水果的果糖或碳水化合物含量。这些理论并非事实,而且有许多数据(我在这本书中就引用了许多这样的数据)已经推翻了这些理论。

2009年的一项研究对77名肥胖者进行了观察,发现食用水果与体重下降相关。"控制了年龄、性别、运动水平、每日宏量营养素摄入量等因素后，食用水果和体重之间的关系依然很明显。此外，控制了同样的协变量后，水果摄入量上升与体重下降相关。"这表明摄入水果会让体重下降（推翻了果糖或碳水理论），而且水果摄入量进一步增加，体重会进一步下降（推翻了热量理论）。这不是一种理论，而是人们吃了水果之后发生的事实。但这只是77个人的情况，现在我们就来看看其他一些研究。

长期吃水果到底好不好

瘦身产业的短期思维，让他们过分看重短期研究。下面是一些持续时间很长的研究，值得我们关注。

一项跨25年（1986—2011年）、涉及人数超过12.4万的研究发现，"考虑到同期发生的其他生活方式的改变，包括饮食、抽烟、运动量等"，类黄酮（主要来自水果）摄入量的增加依然会使体重下降。

研究还发现，摄入花青素（一种类黄酮）对体重下降的影响最明显。研究中的这些花青素主要来自蓝莓和草莓（大多数人平时摄入的花青素也来自这两种水果）。

类黄酮也许可以解释，为什么吃的水果越多，人们会变得越瘦。许多关于果糖的研究关注的是水果之外的果糖摄入，比如含有高果糖玉米糖浆的加工食品，因此我们不能说所有含果糖的食物都会使人发胖，就像我们不能说所有含类黄酮的食物都会让人变瘦一样。如果在加工食品中加入类黄酮，这些食品可能依然会使人发胖。

哈佛大学分析了三项队列研究，涉及总人数超过13.3万，时间跨度超过24年。研究发现，非淀粉类蔬菜的摄入量增加与体重下降相关。你猜猜还有什么和更大幅度的体重下降相关？吃水果。

有一点很重要，这些相关并不能证明水果一定会导致体重下降，因为相关不等于因果。但水果的确很有可能会让体重下降，因为水果的许多特点都有助于瘦身，不同的饮食会对体重产生不同的影响，而且远在肥胖危机出现之前，水果一直是人们吃的"古老食物"之一。在大量长期研究中，水果摄入和体重下降的关系都是一致的，除非你真的相信100大卡的零食包是瘦身的法宝，或者"所有碳水化合物都会让人长胖"，否则这些数据并不会让你感到惊讶。许多大热的瘦身食谱都在妖魔化水果，但大量长期研究表明，所有食物中，水果一直和最大幅度的体重下降相关。

水果的好处

假设你在听一个演讲，演讲人正在用令人信服的方式告诉你，为什么蜂鸟不能飞。他用了大量科学数据，详细解释说蜂鸟的翅膀太小，因而不能支撑身体的重量。但就在他身后，你看到一只蜂鸟正在飞。那只蜂鸟在一个地方盘旋着，不时飞过来，好像在炫耀它的飞翔本领，这时你还会相信演讲人说的话吗？我们应该问的不是"水果会让我们发胖还是变瘦"，而是"为什么我们看到有些人吃了很多水果，反而在变瘦"。那位演讲人也应该这样做，他应该问问自己，为什么自己看到一只蜂鸟在飞，而不是告诉别人，为什么蜂鸟不应该会飞。

想明白为什么果糖含量较高的食物不会阻碍瘦身，而是会帮助瘦身，我们必须把水果看作一个整体，而不能只看水果的果糖含量。我们会看到水果具有很高的水分和纤维含量、人体可消化吸收的维生素和矿物质、各种消化酶、优于几乎所有食物（包括蔬菜）的抗炎作用，以及类黄酮。一定不要忘了类黄酮！反对热量和碳水化合物的人认为以上这些物质都不重要，那是因为他们把食物简化成了各种宏量营养素。得出"吃水果会变瘦"这个结论可能很简单，但对于水果这种我们尚未完全理解的食物来说，这个简单且有数据支持的结论依然至关重要。水果为什么是瘦身利器？原因有以下几条。

1. 水果真的很好吃

我不是在开玩笑，这一点真的很重要！人们现在吃的很多甜食都会让人长胖，水果是这些食物的替代品，且非常健康。我们就实话实说吧，你不可能戒掉冰激凌，转而大口大口地吃卷心菜，但是你试过芒果吗？芒果是我最喜欢的水果，味道和甜度都能给我带来极大的满足感。你吃过冰冻的香蕉吗？冻过的香蕉吃起来特别像冰激凌，你可以去试试。

体重超标的人吃的水果也更少，你认为这是巧合吗？"体重超标的儿童（其中大部分）和肥胖的成年人（包括男女）比体重正常的儿童和成年人吃的水果要少很多。"他们摄入的糖可能都来自加工食品。

我们的舌头上有许多味蕾，这些味蕾让我们尽情享受自然赐予的甜美。虽然科学研究表明水果能帮你变瘦，但如果我们依然相信水果会使人发胖，那么我们肯定会从别的地方找甜食吃（可能是添加了人工甜味剂或添加糖的加工食品，而这些食品会让我们发胖）。吃水果是满足我们对甜食渴望的一个重要途径，当你想吃一些甜食时，水果一定能满足你！

2. 水果含有各种酶、类黄酮、维生素和矿物质

水果是各种消化酶的最佳来源之一。它们促进消化，帮助吸收营养物质，能减轻胃胀，让你感觉更舒服、更有活力。我特别喜欢的两种水果——菠萝和猕猴桃——都含有很有效的蛋白酶，这种酶能分解蛋白质，促进其吸收。前段时间我坐邮轮旅行，发现自助餐有新鲜菠萝，于是每顿饭后都会吃一些，效果让我特别惊喜。我的消化变好了，整个旅途中都没出现过反酸。

类黄酮是一种被低估且尚未被充分理解的物质。只看宏量营养素，水果似乎不是很健康，但因为类黄酮的存在，水果其实比看起来要健康很多倍。水果也富含人体可吸收利用的维生素和矿物质——我们的身体需要这些微量营养素来维持正常运转，其中就包括体重控制。

3. 全食中的非加工糖优于化学合成物、提取物和添加糖

如果你想保持低糖饮食，你可能很想避开水果。但是，只要不是身体状况不允许，就不要避开水果。与加工食品相比，水果的含糖量往往更低，一瓶20盎司的碳酸饮料所含的糖，比一个香蕉、一个苹果、一个橙子、一个猕猴桃加起来的糖还要多。

至于人工甜味剂，这些东西的热量为零，因为它们不是食物。炮弹也是零热量的，而且体积很大，为什么不去吃炮弹呢？添加糖和人工甜味剂都会增加患 2 型糖尿病的风险，那么为了降低风险，你是不是也应该不吃水果呢？当然不是！有研究发现，"某些水果 —— 特别是蓝莓、葡萄、苹果 —— 的摄入量增加与 2 型糖尿病的患病风险下降显著相关，但果汁摄入量增加则与风险上升相关"。

4. 水果是甜的，但它依然能降低血糖

果糖含量高的食物可以降低血糖，这听起来好像不合常理，但我们还是用数据说话，不要只看理论。墨西哥的一项研究比较了低果糖饮食（每天少于 20 克果糖）和适度的天然果糖饮食（每天 50 ~ 70 克糖）。尝试两种饮食的两组被试的血糖水平、胰岛素抵抗、胆固醇、血压都有所改善，最大的区别是体重的变化，适度天然果糖饮食组的组员多减了 50% 的体重（一组减了 4.2 千克，另一组减了 2.8 千克）。去掉饮食中的全部或大部分果糖能产生一些效果，但如果把水果也去掉，效果就不会那么好了。

5. 水果每一卡的饱腹感都很强

还记得我在前面讲过，有一次我吃了一整盒冷冻鲜切芒果吗？那盒 10 盎司的芒果只有 200 大卡热量，而一块 52.7 克的士力架就有 250 大卡热量。芒果在胃中占据的空间是士力架的 5 倍，但芒果的热量却更低，微量营养素也远比士力架多。

我们身体的含水量为 60% ~ 70%，从某种程度上说，多吃水果就像在多喝水。水果除了含水量高，纤维含量也很高，因此水果是一种热量较低但饱腹感很强的食物。

警告：果汁不同于水果！

果汁可能也像水果一样，含有一些维生素和矿物质，但果汁的饱腹感不如水果强。有研究表明，饭前吃水果可以将热量摄入量（午餐的热量）降低15%，这是好事，但有趣的是，研究也发现，"在果汁中添加纤维，使果汁的纤维含量与水果中的相同，也不能增加果汁的饱腹感"。就算你把纤维加回去，果汁的饱腹感还是比不上天然的水果。（苹果酱也没有这种饱腹感。）

水果可以调节进食量以及身体吸收果糖的方式，不过，就算是100%天然的果汁也会让你发胖。仔细想想，这其实是有道理的。很多研究表明，果汁能让人发胖，把汁水从水果中挤出来，会使果糖分离，并丢弃了果肉中的所有营养成分。比果汁更好的一个选择是用水果泡水，我们在后面的应用部分会具体讲到。

你吃得健康吗

我们已经讨论了哪些食物有利于瘦身，哪些食物不利于瘦身，现在可以看看自己目前的饮食习惯了。有些人认为自己已经尝试过"吃健康食物"，但是失败了，而实际上他们从来没吃过健康食物。如果你对健康饮食的理解是错误的，那么你很有可能会长胖，因为你以为你的做法是正确的。

健康食物的范围远比大多数人想象的要窄。有利于瘦身的健康食物不包括低脂风味酸奶、有机燕麦棒、所有无糖食品、有机玉米片、有机糖果、低热量食品、100% 天然果汁、有机或一般加工食品、基本上所有含添加糖的食品（差不多占据了商店柜台的75%），也不包括淋了高果糖玉米糖浆和大豆油的沙拉。

有一组数据让人很不安，《消费者报告》（Consumer Reports）调查了 1234 名美国人，其中 89.7% 的人认为，自己的饮食至少是"比较健康"的。然而，这些人中的 43% 表示，自己每天至少要喝一瓶碳酸饮料、一杯星冰乐或一杯珍珠奶茶。如果你每天至少要喝这些饮料中的一杯，那你的饮食肯定不是"比较健康"的。

有些人每天喝一瓶碳酸饮料，依然觉得自己很健康，只是因为他们有一个每天喝三瓶碳酸饮料的朋友。你会跟你的胰脏说，不要担心需要分泌那么多胰岛素，因为吉米的胰脏每天要分泌的胰岛素是你的三倍。如果是人工甜味剂，那就跟你的多巴胺神经通路说，不要因为没有回报就失望沮丧，因为吉米的回报系统比你的还乱。

看看你的厨房，你的橱柜和冰箱里是不是装满了新鲜或冷冻的水果和蔬菜？如果今天不是，那么平常装满水果和蔬菜的频率高不高？如果也不是，那你的饮食可能就不是很健康了。

如果接近 90% 的美国人都认为自己吃得很健康，问题就很严重了，因为人们都在否认事实。前面提过，2016 年 3 月发表的一项对美国人的横断面研究发现，"超加工食品占美国人能量摄入总量的 57.9%"。理想情况下，这些食品的占比应该是 0%，然而现在人们吃得最多的就是这些东西。

健康食物等级

食物的健康程度几乎完全取决于加工程度，一般来说，加工程度越高，热量密度越大，营养价值越低，每一卡的饱腹感越弱。很难说哪种非加工食物最有利于瘦身，你是吃桃子还是吃葡萄不会对瘦身有太大影响，但你是吃真正的食物还是吃加工食品就会对瘦身有很大影响。加工食品会让你体重上升，如果你体重超标，非加工食物能有效地帮你瘦身，如果不超标，非加工食物能帮你保持体重正常。

"死的食物"

植物的叶子含有叶绿素和各种抗氧化剂等化合物，这些化合物会让植物保持健康，充满生命力。当你吃下这种植物，这些化合物依然有活性，会在你体内产生类似的积极作用。你有没有试过把一个牛油果切开，放在那里，等一会儿再吃，结果发现牛油果变黄了？这就是氧化现象。氧化会杀死细胞或使其受损，脂肪氧化就是脂肪细胞被破坏的过程，从而给身体提供能量。对脂肪而言，氧化不是什么坏事，但对其他大多数细胞而言，情况则相反。

加工食品是"死的食物"，因为在加工过程中食物里最有益的部分都被杀死了。比如，许多人认为麦片"很健康"，因为麦片的成分表上有一大串添加的维生素，但"活的食物"中的各种有益化合物在麦片中几乎完全找不到。

饮食标准

除了蔬菜，基本上每种食物对体重的影响都存在争议。我们需要知道什么时候应该看整体，什么时候应该看细节。对于瘦身这个问题，就应该看整体。我们创造并摄入了更多来自实验室而非农场的食物，从此世界范围内肥胖率急剧上升。超加工食品的摄入量猛增后，热量摄入和肥胖率都猛增了。

大多数瘦身书籍的作者认为，他们必须对每种食物持明确的态度，这对瘦身来说完全没有必要。只要你的基本思想是正确的，吃的是简单、真正的食物，不再吃大量明显会让人长胖的食物，你就能成功瘦身。

不要纠结到底要不要吃一些有争议的食物，如土豆、肉、全麦制品和奶制品，这些食物人们已经吃几百年了，都没有造成肥胖问题。它们有可能会对瘦身产生轻微的负面影响，但是吃煮熟的土豆绝对不会像喝碳酸饮料和吃牛角面包那样让你的瘦身大业毁于一旦。等你形成了明确的健康饮食模式，也许那时你就可以对奶制品、全麦面包这些食物吹毛求疵了。节食文化让人们一边吃着快餐，一边对全麦面包感到不安。当你吃的主要是新鲜蔬菜和水果时，你就已经掌握了健康饮食的基本要领，然后你就可以考虑要不要吃有争议的食物了。在此之前，你的任务是争取吃健康的食物，而不要去管其他任何食物。我有必要重申一下，建立健康饮食的正确思路是追求健康食物，而不是回避不健康的食物。

请不要把下面的清单当作节食的标准，这些清单只为向你介绍各种食物对瘦身不同程度的影响。知道哪些食物有利于瘦身很重要，但更重要的是，不要一下子完全改变你的饮食结构。下面的清单并没有包含所有食物，请尽量领会这些食物代表的理念。

1. 超级健康的食物：可大量食用且有助于瘦身

读完其他清单后，请回过头来再读一遍这份清单，因为它很重要。它的目的不是告诉你要避开哪些食物，而是建议你要多吃哪些食物。这份清单看起来很短，但仔细想想，里面包括了所有水果和（几乎）所有蔬菜。西红柿就有 4000 个品种，这些品种被统称为西红柿，这样看来，清单里的水果和蔬菜就有成千上万种，每种都有不同的味道、口感和功效。

一般来说，非加工水果和蔬菜不会含有大量盐、糖、热量和脂肪，不会危害健康。比如，牛油果 82% 的成分是脂肪，但牛油果不会让你发胖，还能带来很强的饱腹感。一个随机单盲交叉餐后研究对 26 名体重超标但身体健康的成年人进行了实验，研究表明，与对照组的餐食相比，午餐吃半个牛油果能有效减轻饥饿感，降低食欲，并会带来更强的饱腹感。此类食物包括：

- 水（最受低估的瘦身利器之一，后面会详细谈到）
- 所有水果
- （几乎）所有蔬菜
- 植物种子、豆类、坚果
- 鱼（非油炸）
- 芥末

- 醋

- 蛋类

- 所有香料

- 所有香草（香料和香草能让食物更美味，还对你有好处，这对其他食物简直不公平）

- 发酵食品，如（全脂）酸奶、韩国泡菜、德国酸菜、开菲尔酸奶（kefir）[①]、康普茶（kombucha）[②]等

- 橄榄油

- 椰子油

椰子油对瘦身大有好处，因为椰子油的中链甘油三酯（MCT）含量很高。这种物质可以快速被身体吸收并转化成能量（而不是变成脂肪）。椰子油、橄榄油和黄油是烹饪时的三种最佳选择。椰子油和橄榄油可以用于多种菜品，而且健康美味。橄榄油也可以不加热，直接作为蘸料或沙拉酱食用。

格鲁特维尔德（Grootveld）做过一个与现实生活密切相关的巧妙实验，他分析了参与者们烹饪后剩下的油，发现"葵花籽油和玉米油中的醛类物质是世界卫生组织健康标准的20倍之多，橄榄油和菜籽油产生的醛类物质则要少很多，黄油和鹅油同样如此"。醛是醇被氧化后产生的有毒物质，会引发许多疾病，在所有油中，椰子油加热后产生的醛是最少的。

---

① 高加索地区特有的菌种，流行于俄罗斯。——编者注
② 在红茶中加入糖和红茶酵母菌后制成的饮品。——编者注

请注意，绿色蔬菜汁能提供大量营养物质，可以作为餐后补充，有抗炎和促进吸收的好处。这里的重点是"补充"，所以不要什么都不吃，然后硬给自己灌下这些绿色的汁水，这种做法也许很时髦，但不是长久之计。

2. 比较健康的食物：适度食用有助瘦身

全谷物：糙米、全麦意大利面、藜麦、大麦、小米、燕麦等都很健康（但不包括饼干和大多数面包，这些食品中通常含有多种加工原料）。

未加工的肉类：我知道，现在很流行不吃肉，但一直以来我们都是杂食动物，而且也没出现过体重问题。还有，我觉得素食主义很难做到。就算这样，如果你还是想吃素，那你有可能更难瘦下来！

3. 有争议的食物

许多全麦面包含有各种添加成分，如果你想选一种可靠的小麦食品，可以选全麦意大利面（不含添加成分的那种）。有些人对小麦过敏，如果你有这种情况，那不用我说，你也不会去吃这些食物。意大利面酱几乎都含有添加糖，所以我喜欢用橄榄油、青酱、奶酪来调味，这样做出来的意大利面健康又美味。你也可以自己调意大利面酱，很容易。

全脂奶制品：奶制品是一种高热量食物，但这些热量质量高、饱腹感强。一项研究发现，同样是控制热量摄入，饮食结构中有奶制品的人能多减掉70%的体重（饮食结构富含钙的人多减掉了26%

的体重）。如果你喜欢吃奶制品，可以适度地吃，但还是要以超级健康的食物为主，这样就会有很好的瘦身效果。

至于是吃全脂奶制品还是脱脂奶制品，这个问题没什么讨论价值。像牛奶、酸奶油、黄油、酸奶等奶制品，吃全脂的就行。

● 有研究显示，食用更多全脂奶制品的女性，其 BMI 指数更低。还有一项研究调查了 18 000 名女性，发现"高脂而非低脂奶制品摄入量较高，与较少的体重增加相关"。

● 另一项对 1700 名男性进行的研究也得出了同样的结论：全脂奶制品降低了被试 12 年后发胖的概率，而低脂奶制品和发胖概率增加相关。

● 还有一项对 2～4 岁的儿童进行的研究发现，与喝脂肪含量为 2% 或全脂牛奶的儿童相比，喝脂肪含量为 1% 或脱脂牛奶的儿童的 BMI 指数更高。

我找不到任何显示低脂牛奶优于全脂牛奶的研究，也许是因为低脂牛奶在各个方面都比不上全脂牛奶。1930 年，俄勒冈州立大学农学院发表了一篇文章，题目叫《给猪增肥以满足市场需求》，我从里面摘了一句话，很有意思，不妨一看："脱脂牛奶不仅是猪最好的补充饲料，也可被看作给猪增肥的最好办法。"这样看来，在很大程度上，我们对体重管理的认识似乎退步了，我们曾经正确地用脱脂牛奶给猪增肥，而现在却把脱脂牛奶当作一种"瘦身饮品"。

想想我们前面谈到的内容，这些数据其实很有道理，反对热量和认为"脂肪有害"的人会对此感到惊讶，因为他们的理论只是从复杂食物的一个方面得出的。请再看看上面那些研究，然后读一读理解一下这句话的含义：**同等质量的全脂牛奶的热量几乎是脱脂牛奶的两倍。**

你是要相信流行的理论（这些理论让肥胖率猛增），还是要思考一下，什么理论最能解释科学研究观察到的现象？这里有一种解释，而且完全符合数据显示的全脂牛奶比脱脂牛奶更有利于瘦身的现象：全脂牛奶受到的人为干扰更少，是一种天然的全食，而脱脂牛奶是对全脂牛奶进行了更多加工后得到的。这个解释也许不能让你完全信服，因为你首先要接受"加工的是不好的"这个观点，也就是说，喝脱脂牛奶要比喝全脂牛奶得到的饱腹感和满足感低。每一卡的脱脂或低脂牛奶带给你的饱腹感可能更少，4 盎司的全脂牛奶可能比 8 盎司的脱脂牛奶更能让你满足。如果其他什么因素都不考虑，那么喝脱脂牛奶摄入的热量当然更少，而且意味着长胖的可能性更小，但我们现在吃的食物会影响我们之后吃的食物的种类和数量，此外，牛奶中的脂肪会减慢身体对牛奶中的糖的消化吸收。

你的身体不会说："噢，牛奶还是这么多，但热量只有一半！"脱脂牛奶只能骗过喝牛奶的人（而不是身体），我们绝对不可能通过骗过身体而瘦身成功。如果你想瘦身，就好好享受全脂奶制品吧，你可以不相信我说的话或我提出的关于牛奶的理论，但只要看看数据就知道了。

蛋白粉：如果你想喝蛋白粉，最好在早餐的时候喝，而且最好喝那种添加成分不多的（我喝的是 Promix 和 Solgar 的蛋白粉）。比起其他蛋白，我更喜欢乳清蛋白，因为乳清蛋白所含的营养成分更全。蛋白粉也是一种加工食品，但如果选择成分比较单纯的产品，那么它也算是比较健康的加工食品。蛋白质的饱腹感很强，而且有助于增长和保持肌肉，因此，好的蛋白粉有助于把体重从脂肪转变为肌肉，尤其是在同时健身的情况下。比早上喝一杯蛋白粉更好的选择是什么？是新鲜水果、蔬菜、蛋类、未加工的肉类和酸奶。

汤：汤通常是不错的选择（因为水分含量高），但这在很大程度上取决于汤的做法，以及汤里有些什么。

高淀粉蔬菜：我把土豆、豌豆和玉米列在这里，只是因为之前提到的那个为期24年的研究表明，这些食物和体重增加相关。人们尤其喜欢妖魔化土豆，但根据研究结果，土豆看起来没什么问题。土豆是世界上饱腹感最强的食物，而且富含抗氧化剂、维生素和矿物质，历史上的许多国家一直把土豆作为主食。如今的肥胖问题是当代社会特有的一种现象，有时代性的成因。这并不是说你天天吃很多土豆也不会长胖——各种研究说法各异——但你不必对土豆太担心。只不过，如果你超级喜欢吃土豆，就像很多人一样，你的瘦身效果可能会差很多。

白米饭：白米饭不是最糟的食物，而且比超加工食品要健康几百倍。许多民族的饮食结构中，白米饭占很大比重，但他们依然很苗条。话虽如此，如果你能吃糙米的话，还是吃糙米吧。白米经过加工后已经失去了糙米含有的麸皮和胚芽，也就意味着你能吃到的纤维和营养物质更少。如果必须在白米饭和白面包中选一个，白米饭绝对会获得压倒性胜利，因为白面包的加工程度极高（通常会添加十几种成分），白米饭却是单一原料的食物，这是一项非常大的优势。尽管如此，如果你在餐馆点了一碗白米饭，不要指望这碗饭里只有一种原料，因为西餐的米饭中通常都加了油和盐。

4. 比较不健康的食物：可能会让人长胖

低脂和脱脂奶制品：对人有益的脂肪都被去除了，因此这种奶制品比全脂奶制品的饱腹感更低，而且大多数研究表明，它还和体重增加相关。还记得吗？ 20 世纪 30 年代，人们用脱脂牛奶给猪增肥。

果昔：如果你去商店买一瓶果昔，里面肯定有添加糖或水果口味的糖浆，而不是真正的水果。就算你在家自己用水果做冰沙，水果中真正的纤维也会受到损失。很多研究发现，对水果进行搅拌处理会影响人体对纤维的消化吸收。这让果昔变得更接近果汁，而果汁绝对是让人长胖的饮品！

5. 超级不健康的食物：会让人长胖

超加工食品：薯片、饼干、曲奇、馅饼、蛋糕、冰激凌、美式松饼、华夫饼、白酱意大利面、比萨饼、白面包、果汁（是的，包括 100% 果汁）、碳酸饮料、拿铁和糖果。如果读着这条清单，你已经在流口水了，不要担心，健康的食物也可以非常好吃。

一切油炸食品和大多数用植物油做的食品：大豆油和其他大多数植物油是让人长胖的一个重要因素，而且在美国你很难避开。

所谓的"健康食品"：包括有机燕麦棒（含添加糖）、有机水果干（通常含添加糖，而且不含水分）、加料的酸奶（绝对含有甜味剂）和有机麦片（加工程度高，且含添加糖）。

大多数常见的酱：因为大多数酱都含有大量大豆油、糖和盐，它们很容易让人长胖。我在商店里看到的几乎所有沙拉酱用的都是大豆油。

加工程度高的肉制品：博洛尼亚香肠和热狗肠等肉制品的加工程度都很高，高到你都不好意思把它们叫作"肉"了。

补充说明：我尽量不吃罐装食品，因为大多数罐装食品的容器中都有一种叫双酚A（BPA）的合成物质，这种物质不仅与肥胖有关，还与胰岛素抵抗和癌症有关。塔夫茨大学免疫学教授安娜·索托（Ana Soto）称："如果把动物试验的结果也算上，我认为有足够的证据表明，BPA会增加人类患乳腺癌和前列腺癌的风险。"BPA的确会从食品罐接缝处渗进食物中。哈佛大学的一项研究发现，与每天喝新鲜炖汤的参与者相比，每天喝罐装汤的参与者的尿液中的BPA水平增加了1221%。数据摆在这里，没什么可争论的，不过好在越来越多的公司已经开始使用不含BPA的食品罐。我推荐新鲜食物、冷藏保鲜食品和玻璃瓶装的食品，如果必须吃罐装食品，最好找一找不含BPA的食品容器。如果你只吃得下罐装蔬菜，又找不到不含BPA的食品罐，那么我认为，只要能多吃蔬菜，这样做也是值得的。

健康的饮品

有一种瘦身方法极其有效，且极其常见，常见到我们都忽视了它，那就是喝水。水的热量为零，而且有助于调节食欲（无糖饮料也是零热量的，但这些饮料会扰乱新陈代谢，而水会促进新陈代谢）。

如果你平时什么都喝，就是不喝水，那你要小心，你喝的东西可能会让你发胖。碳酸饮料、果汁、酒以及含有添加糖的一切饮品（包括咖啡和加糖的红茶）都会阻碍你瘦身。牛奶暂时存疑。

有一项研究把 48 人分为两组，都吃低热量的食物，但其中一组在饭前会喝两杯 240 毫升的水。12 周后，喝水组减了 15.5 磅，而另一组只减了 11 磅。暂且不论控制热量是错误的以及持续时间太短，喝水组明显瘦身效果更好。从长期看，控制热量摄入会让身体储存更多脂肪，而喝更多水的结果可能正好相反。一项对 7 名男性和 7 名女性的研究显示，喝 500 毫升水能在 40 分钟内将人体新陈代谢率提高 30%。虽然这只是短期的观察结果，但新陈代谢率的提高是好事。低热量饮食的关键问题，就是新陈代谢率会暴跌。如果一种食物在短期内会让人长胖，但长期看会提高新陈代谢率，这种食物依然对瘦身十分有利，而且要远远优于那些让人短期变瘦，长期却会让新陈代谢紊乱且体重增加的瘦身方法。当然，这些讨论都仅止于理论层面，告诉我们喝水从短期和长期看都有利于健康，有助于体重管理。

还有一种饮品值得一提。除了水，绿茶也是绝佳的瘦身饮品，因为绿茶含有独特的抗氧化成分。许多研究显示，绿茶尤其有助于燃烧内脏脂肪。腹部的这些内脏脂肪一般是人们最想减掉的，而且也是对身体伤害最大的。绿茶能帮助燃烧脂肪，主要是因为含有大量"儿茶素"——一种抗氧化剂。根据我查到的资料，可可、黑莓和红酒等也含有儿茶素，但绿茶中的儿茶素含量最高。

那么咖啡和加糖的红茶呢？少量咖啡因可以暂时提高新陈代谢率，其实很多健身前的补充饮料都含有咖啡因，所以咖啡因的最佳用途可能是增强健身效果。当然，如果你需要咖啡因给你提供能量，情况就不妙了。我不喝咖啡，因为我看到身边很多人对咖啡产生了依赖，只有喝了咖啡才有精神。

对健康和瘦身而言，咖啡和红茶最大的问题就是添加的甜味剂。如果非得选一种，蜂蜜、红糖原糖或甜菊糖似乎要好一些（我会选蜂蜜）。有一点是确定的，黑咖啡和红茶比加糖的拿铁以及咖啡店里的各种"招牌饮料"要好很多，如果要在黑咖啡和焦糖拿铁中二选一，黑咖啡绝对会获得压倒性胜利。

如果你能拒绝加工饮料和甜饮料，那我可以告诉你，你已经成功了一大半。这都是习惯的作用。一个每天喝碳酸饮料的人会觉得水平淡无味，而一个每天喝水的人会觉得碳酸饮料和拿铁太过甜腻。

液体可以解渴，这本来就会给人满足感。所有饮品都以水为基础，这意味着即使你现在不是很爱喝水，也可以养成喝水的习惯，并慢慢爱上喝水。有些东西刚好能满足我们的需求，我们可以学着去享受这些东西。

酒

所有酒类中，红酒最利于健康和瘦身。定期喝红酒的人比不喝红酒或喝其他酒的人死亡率更低，红酒摄入量和死亡率呈 J 型曲线，即适量喝红酒有益健康，过量饮用则有害健康。

目前没有任何实质性的证据表明，红酒或其他任何酒是"瘦身饮品"。哈佛大学一项为期13年的研究分析了19 200名女性的情况，发现喝酒者比不喝酒者增加的体重更少，但她们的体重还是增加了（在酒类中，红酒和肥胖呈最明显的反比）。

红酒的确含有白藜芦醇，白藜芦醇是一种对健康和体重管理十分有益的抗氧化剂，但你也可以从蓝莓、葡萄、草莓、树莓、苹果中获取更多白藜芦醇。如果单论酒，红酒确实是最佳选择（要用杯子而不是瓶子喝）。

运动很重要，但原因可能非你所想

我们已经谈了很多关于食物的话题了，那运动呢？运动真能帮我们瘦身吗？

有些书可能告诉你，瘦身不一定要运动，这种说法犯了以下四个错误了：

1. 没有考虑到持续运动对新陈代谢长期、积极的影响（只看到了关于运动和瘦身的短期研究）。

2. 以为控制饮食加运动对一个人来说负担太重，所以只注重更重要的那一半（饮食）。但如果你的瘦身策略中只有节食，那才是搞错重点了。

3. 没有说明"做运动"和"经常活动"之间的区别。

4. 没有考虑到运动可以减少情绪化进食，降低皮质醇水平，改善睡眠，缓解压力。

讽刺的是，运动对瘦身的作用已经成了一个有争议的问题。短期研究认为，控制饮食就可以瘦身，运动不能帮助瘦身，但长期研究表明，控制饮食不能瘦身，而运动是成功且长期瘦身的关键因素之一。那么我们就要做出选择了，是更看重短期研究还是长期研究？长期研究证明的才是真正的、持续的改变，短期研究可能显示"小熊橡皮清肠糖"是最有效的瘦身办法，有一条评论可是号称一天减了4磅呢，你看，这就是效果！

如果你把为期不超过一年的短期研究作为理论基础，那么你会更青睐短期瘦身策略，但长期看来，这些策略几乎都会失败。为什么有些人用了"10天瘦身法"，效果却不持久，他们还会对此感到惊讶呢？这种方法本来就只能保证在10天内有效！就像潜水艇不能起飞一样，这种方法也不能让你长期瘦下去。

运动不是为了燃烧热量

短期研究显示，运动对瘦身没有用，这在某些方面是真的，因为运动时燃烧的热量在短期内就算对体重有影响，影响程度也微乎其微。此外，运动一般会增加食欲，从而让你吃得更多，这样一来，运动造成的热量缺口就比你想象中更小。但是，这只是一种狭隘的观点，只考虑了热量。运动对我们的影响远不止这些，科学研究已经证明了这一点。

　　一项元分析发现："短期内，单一控制饮食方案和综合性体重管理方案的瘦身效果相似，但从长期看，控制饮食加上运动能提升瘦身效果。"美国国家体重控制登记处研究了成功瘦身且未反弹的案例，结果表明"其中90%的人每天平均运动1小时"。

　　我们再来看一个持续时间真的很长的研究。一项为期20年的研究发现，运动和体重增长幅度下降相关，也与男性和女性（尤其是女性）的腰围变小相关。运动是怎样提升长期瘦身效果的，对此我们还不完全清楚，但运动的确有助于瘦身。一个比较合理的猜想是，肥胖基本上相当于身体失去平衡，而运动能改善身体几乎所有功能，所以也能帮助调节能量进出的平衡（即新陈代谢）。

　　还有一些证据表明，运动可以优化激素水平，从而帮助瘦身。许多研究发现，经常运动与胰岛素抵抗降低、敏感性升高相关（二者都是新陈代谢良好的体现，都有益于健康和体重管理）。

减掉脂肪胜过减轻体重

　　就算运动没有让你的体重减轻，你也可能在减去脂肪。四项非随机对照研究发现，无论运动后体重是否减轻，运动都与内脏脂肪和皮下脂肪减少相关。这一点是关键，因为减掉脂肪才是真正的目标。如果你的体重没变，但脂肪少了，肌肉多了，你会看起来更健美，感觉更健康。

运动不是为了燃烧热量，而是为了促进新陈代谢、抗炎、改善循环。如果你用这样的眼光看待运动，那么从一项研究中摘出的这句话就不会吓到你了："让人惊讶的是，我们发现，运动对24小时内的脂肪氧化几乎没有影响。"运动是一种健康的生活方式，而不会带来短期的瘦身奇迹。多运动，你就会看到长期的瘦身效果，以及对健康的无数益处。

如果你现在不怎么运动，那可能是因为你不喜欢运动，我理解你，没关系，因为微习惯可以改变你的偏好。我就通过每天做一个俯卧撑，把自己从一个抗拒运动的懒虫变成了一个喜欢运动、每周都要运动几次的人。所有人都能改变自己。

运动不是为瘦身做出的牺牲，而是生活中最有趣的事情之一，只是现在许多人还没有学会享受运动。当你的身材很不好的时候，运动没什么有意思的地方，而且让你很难受，但只要开始体会到运动带来的好处，而且身体变得越来越好，你就会对运动上瘾。读了这本书，你就能学到最好的策略，让自己爱上运动。

瘦身的隐藏因素

食物和运动是人们谈起瘦身时会提到的两大主要因素，还有一些因素同样值得我们注意，这些因素可以改变运动和饮食情况，从而直接或间接地影响体重。

睡眠时长

一项对10名被试进行的研究发现，睡眠不足会阻碍瘦身，会将减脂速度降低55%，让非脂肪的减少幅度增加60%，并改变了激素水平，让身体的饥饿感增加，脂肪氧化水平降低，这是5.5小时和8.5小时睡眠的对比结果。这项研究有趣的地方在于，研究人员对每个人做了两次试验，一次是每天5.5小时睡眠，为期两周，另一次是每天8.5小时睡眠，同样为期两周。睡眠时间不同，但参与实验的人群是相同的，而且研究人员控制了热量摄入，所以干扰因素已被最小化。当睡眠时间变短时，被试会变得更饿，更容易过度饮食。能量摄入相同时，睡眠时间变短会阻碍他们减掉脂肪。

另一项规模较大的研究分析了1024名被试的情况，发现睡眠时间变短会导致瘦素水平降低，饥饿激素水平增高，BMI指数增高。睡眠少于8小时的情况下，"BMI指数随睡眠时间的降低成反比例增高"。

你是否有可以支持这些研究结果的类似体验？你是否发现，缺觉的时候会吃得更多？我就是这样。我记得我有段时间睡眠不足，那几天我的胃就像个无底洞，总是感到饿。

做出持续改变的关键，在于让成功比失败更容易实现，因此缺觉是瘦身的一个严重阻碍。比起睡眠充足（普遍认为是7～9小时），睡眠不足会在生理方面使瘦身陷入极大的劣势。

压力水平

皮质醇是我们在压力大时身体释放的一种激素。皮质醇过多会让腹部脂肪累积，我们不想变成这样，所以要减压。减压说起来容易，做起来难，但也没有你想象中那么难。你如果能积极主动地去减压，很容易成功，但只有极少数人会制订减压计划。我最喜欢的放松方式有冥想、按摩、打篮球和漂浮水疗。

享受运动的感觉

有三项研究显示，在实验室和现实环境中，认为某项运动有趣能影响参与者随后的行为。具体来说，认为某种运动有趣的想法能让人们在进餐时吃更少的配菜（研究1），也能让人们少吃零食（研究2），认为参加某项体育比赛很有趣的心态能对人们选择健康零食产生积极影响（研究3）。如果你把瘦身看作一种"任务"，那你就错过了把瘦身看作一种乐趣带来的好处。

双线并行

最好同时改变饮食和进行运动，因为饮食加运动可以形成良性循环。一项针对200人的研究发现，比起先做出一种改变后再做出另一种，同时改变饮食和运动习惯能让人们更好地实施瘦身方案。

肠道健康

肠道健康是一个新兴的科学研究领域，包括对肠道健康与瘦身

关系的研究。科学家发现，体重超标者（和大鼠）与体重正常者
（和大鼠）的肠道菌群有所不同。发酵食品（如酸奶、德国酸菜、开
菲尔酸奶、韩国泡菜和康普茶）很健康，因为发酵食品能给肠道带
来益生菌。

这些次要因素可能看起来不重要，但能产生很大的影响，所以
最好不要忘了它们。

微习惯的额外益处

微习惯能同时促进上述因素中的三个。第一，微习惯很有趣，
比你以前试过的任何瘦身方法都有趣。微习惯不会限制你吃任何东
西，而是强调积极性，让你每天都能取得成功。微习惯做起来很容
易，带来的效果也十分显著。和节食相比，微习惯有趣得就像一个
游乐场。

第二，微习惯能让你同时改变运动和饮食习惯，还不会让你感
到筋疲力尽。用传统方法去改变行为，就算是同时做出这两种改变，
也很难坚持下去，但你可以同时保有好几个微习惯，所以用微习惯
策略可以同时在这几个方面取得进步，并从双线并行中受益。

最后，微习惯能缓解压力。当你发现你放低对自己的要求后也
能取得进步，生活会变得更容易、更轻松，而这又能改善你的睡眠。

如果你不同意我的说法

我已经阐述了我对发胖和瘦身的理解。

我在看过上百项研究并分析过其数据后，唯一不变的结论就是：是加工食品而非碳水化合物、脂肪或热量使人发胖的。人类自从出现，就在摄入碳水化合物、脂肪或热量，而所有瘦身理论的核心观点都是，我们现在吃这些东西吃得太多了——他们说，我们吃了太多热量、太多脂肪、太多碳水化合物。

现代西方饮食中，超加工食品的比重明显高于真正的食物的比重，这就是70%的美国人体重超标的原因。在其他饮食结构类似的国家，肥胖率也在上升。

如果你不同意我的观点，没关系，因为这只是瘦身产业的第二大问题。瘦身产业最大的问题不是专注营养成分的饮食方案——这些食谱的初衷是让人们吃得更健康——而是人们实施这些饮食方案的方法。《微习惯·瘦身篇》不会给你新的饮食方案，而会给你新的瘦身方法。如果你认为你有自己的饮食方案或习惯，而且这些方案长期看对你有益，你也可以结合微习惯，让这些做法更加有效。

第二部分

瘦身策略

欢迎来到本书的第二部分，也是我最喜欢的部分。第一部分探讨了成功瘦身的关键因素，第二部分将把我们在第一部分了解的内容转化为可行、有效的策略。接下来的三章分别介绍了一般策略、饮食策略和健身策略。

在本部分的第一章，我们会讨论瘦身的一般策略，即如何从整体上看待瘦身，是应该让体重减轻还是保持体重稳定。

本部分的第二章是饮食策略，主要讨论食物，从中你可以找到一些问题的答案，比如是否应该完全不吃垃圾食品，什么时候该停止进食，以及不喜欢吃蔬菜怎么办，等等。

接着是运动策略，我们会讨论瘦身的最佳运动是什么，运动强度应该有多大，追着孩子满屋跑算不算运动等问题。

微习惯在哪儿

瘦身是渗入你整个生活方式的，所以除了每天的微习惯，还有别的因素需要考虑。策略分为两个部分：我们对某件事的看法和我们的实际行动。有些心理上的因素很重要，能决定瘦身成功与否，我们会谈到这些因素，并讨论微习惯的优势，然后在饮食策略和运动策略这两章的结尾处给出具体的微习惯建议。

微习惯能逐渐改变你的思维方式，但如果在应用微习惯策略的同时，你还对瘦身持有正确看法，那么成功的可能性会更大。

WEIGHT LOSS

第 5 章

一般策略

要是凭感觉就能成功，
我们都能成为苗条的百万富翁。

有价值的改变必须是持久、稳定的。

——美国畅销书作家托尼·罗宾斯（Tony Robbins）

难走的路的好处

选择运动和健康饮食相结合的瘦身方式，意味着你选择了一条难走的路。运动能让身体内部几乎所有活动变得更有效率，比如改善胰岛素水平，从而更好地为细胞提供能量，促进血液循环，将营养带到身体的各个部位，以及改善激素水平。健康的、真正的食物能带来微量营养素和独特的化合物，从而促进器官工作，降低炎症水平。

除了健康生活的这些"具体好处"，难走的路还能让你变得更强大。如果你每天都去爬山，爬几层楼梯根本不成问题；如果你每天不管去哪儿都是开车，爬楼梯就能让你累趴下。选择难走的路对我们有好处，因为这样做会让其他所有事变得更容易。人类是很聪明的，我们明白这个道理，但很多人没考虑到意志力是有限的，而且我们总是下意识想挑容易的路走。就算我们努力想选难走的、更有益的路，还是常常会屈服，最终选了相对容易的路。但只有真的去走更难走的那条路，我们才能从中受益。那么，怎样才能让自己一直坚持走难走的路呢？

其他书都会告诉你，要咬紧牙关，硬着头皮上，或者更糟的是，他们会告诉你，"你的愿望要更强烈"。基本上，他们会让你付出一切来达到目标，让你不惜一切代价去走难走的路，去吃蔬菜，去健身房健身。如果你没能做到这些，那是你的错。这种方法太蠢了。最聪明的策略会让我们的自然偏好（容易的路）和我们做出选择的独特能力互相影响，相辅相成。

如果你想走难走的路，但更喜欢容易的路，那么你必须把难走的路变得更容易，把容易的路变得更难走。现在你明白为什么微习惯是一种很强大的策略了吧？因为微习惯能让人更轻松地选择人生中最难走（也是最有益）的路。

感知难度的重要影响

以中等强度骑30分钟动感单车需要一定努力，这个事实无法改变，但你可以通过某种策略改变自己坐上动感单车的概率，而这会改变你对这项运动的看法，你的看法又能改变这项运动的感知难度。

假设吉姆和萨姆能力相仿，两人要挑战同样的任务。在能力和任务难度相同的情况下，萨姆认为任务很有趣，吉姆却认为任务很无聊，你认为谁会感觉任务更简单？当然是萨姆。你对事物的看法有强大的力量，能让困难的任务变简单，或者简单的任务变困难。

微习惯策略会让你对事情有新的期待值，从而逐渐改变你和行为之间的关系。练钢琴自然比看电视更难，所以微习惯策略让你每天只弹一首曲子，甚至只是坐在钢琴前翻翻乐谱，从而把练钢琴这件事变得相对容易。运动比看报纸更难，所以微习惯策略让你每天只做一个俯卧撑（你要是愿意，也可以多做几个），从而把运动变得相对容易。吃西蓝花比吃蛋糕更难，所以微习惯策略让你只吃一块西蓝花，从而把吃西蓝花变得相对容易。

把难走的路变容易，你就摧毁了支撑不健康行为的根基，健康行为就不再是"有朝一日"才能实现的梦想了。不健康行为很普遍，不只是因为不健康行为做起来很容易，还因为整个社会让不健康行为看起来很容易。健康行为其实不会困难多少，但在这种态度下，健康行为就变得更难了。

为什么一个人可以想都不想就坐下来看1分钟的视频，却因为觉得"原地跑1分钟不算真正的运动"而不愿意去跑步呢？坐1分钟就可以，但锻炼1分钟就不行？正是因此，人们一天坐8个小时，却不怎么运动。为什么吃沙拉就是一种特别的饮食选择，而吃汉堡就很正常呢？应该反过来才对！我们捧上神坛的那些稀有、特别的行为，是最不可能对我们的生活产生影响的，微习惯策略会把这些"特别的健康行为"变成普通行为，让它们有可能成为习惯，然后改变你的生活。

这就是微习惯策略背后的思维框架。你可以每天制定简单、可行的微习惯目标，培养习惯，使其对你的生活产生巨大影响。因为我们现在主要讲瘦身，而瘦身也涉及许多不属于习惯的行为，所以你也会学到该怎样把不属于习惯的健康行为变成最简单、最容易做出的选择。

没人会说短跑运动员不应该沿直线从起点直接冲向终点，因为这是跑完全程最快、最简单的路线。没人会说篮球运动员不应该灌篮，而是应该后退几步再跳起来投篮。选择简单的路总是更聪明的，除非它会带来消极后果（比如长胖），或者更难的路会带来益处（比如举重能让人更强壮）。

整天坐着比站着更容易，但久坐与疾病和新陈代谢水平降低有关。吃快餐很容易，但会造成炎症和肥胖。让成功变得比失败更容易，不是对一个人的侮辱，也不代表软弱，更不比"硬着头皮走更难的路"的做法低一等。这只是一种更聪明的选择而已。

怎样看待瘦身这件事

以下是关于瘦身的一些基本态度，其中一些和人们以为的不太一样，另一些则显而易见，我会一一解释为什么这些看法对你有用。如果你没能这样想，你就不会成功；如果你能秉持这些态度，你就能瘦身成功。

你的主要目标不是减轻体重，而是改变行为

如果你想瘦身，不要只盯着镜子或者体重秤，这些东西当然可以衡量客观进步，但是不能衡量你是否成功，因为外表或体重不是你最想改变的。就像用一根杠杆移动重物，你可以直接去推那个重物，也可以利用杠杆更轻松地移动它。

改变行为就是瘦身的杠杆，因此衡量是否成功瘦身，你需要先衡量是否成功改变了行为 —— **要想成功瘦身，你必须把自己从头到**

脚变成体重轻的那种人。这样做以后，你就能看到结果。

也就是说，如果你在瘦身过程中体重没有下降，但是看到了行为改变的迹象——无论是变得更喜欢吃沙拉，不那么抗拒运动，还是自律性提升——你一定会看到显著成效。行为上的改变永远胜过体重的改变。

如果人们在跑步机上每跑一个小时，就能永久、立刻、肉眼可见地减掉一磅肥肉，你认为瘦身还会这么艰难吗？当然不会。要是有这种立竿见影的效果，大多数人早就去跑上几轮马拉松，然后减掉想减掉的所有肥肉了。

有些人认为，看到了结果，才会有动力行动。这完全是本末倒置。 正是因为有这种心态，速成瘦身法才会存在。一周减掉10磅本来应该激励你继续努力，这个想法本身不坏，因为结果的确能给人动力，而有动力是好事。但这种瘦身效果是不能持久的，你的体重还是会反弹，然后你会有挫败感，会比一开始状态更差。成功的真正法门是持续行动。持续性会创造习惯，带来结果，激励你再接再厉。结果出现在过程的末尾，而不是开端。只要你能把整个过程坚持下来，你就会看到结果，所以我们要把握好过程。做好这一点，结果就会不断出现。

一切由你掌控

之前的瘦身方法可能都把你当作战场上的一个小兵。节食达人下达命令，要想瘦身，你就必须听从指挥。先不管他们的饮食方案是否合理，这样做会剥夺你的自主权，很可能让你产生逆反心理。

　　利用微习惯策略，你可以制定自己的作战方案。我会提供你需要的信息、材料、思路，但是具体计划和执行方式完全取决于你。你可以选择多样的策略，这会让你拥有掌控自己生活的力量，让你把自己的选择慢慢转变成习惯（成功的关键），并立刻让你看到结果（保持动力的关键）。我会告诉你我最喜欢的策略，并提出建议，但是你比我更了解你自己，更清楚你的生活状况，所以最终决定权在你。

　　人们可以从指导中受益，但他们不一定需要被人控制。没有谁能通过把选择权交给别人而成功瘦身并不反弹，人们最终都会自己做出决定。利用微习惯策略，你从一开始就掌控一切，所以不会出现权利的变更，不会失去自我掌控感。

　　举个例子，你会决定哪几天要超额完成饮食和运动任务，哪几天休息一下，只完成最低要求。这些做法都不会阻碍你取得进步，因为你每天都会进步，就算状态不好时也不例外。这些调整能完全适应你的生活和心情，因此微习惯是保证持续性的王牌，也是世界上最强大的改变行为的策略。

不要太心急

　　有研究发现，对降低 BMI 指数期望最大的人，最有可能在瘦身时半途而废。想减的体重越多，越有可能达不到目标。

　　每个人的思想和身体都是独特的，因此瘦身速度也会不同。大多数瘦身图书以瘦身速度为卖点，利用人们"我总算变瘦了"的迫切心理。如果一种瘦身方法没有考虑到永久的行为改变，那么你最终还是会回到原点，同时还损失了买这本书的钱和本可以实现真正改变的机会成本。

重要：最终目标不是策略

这是你需要了解的一个最重要的概念。它不仅适用于瘦身，也适用于你想实现的其他任何目标。许多人定下一个目标后，会采取和目标相同的策略，比如，想戒掉碳酸饮料的人采取的策略可能就是"不再喝碳酸饮料"。他们以为这种策略是最好的，因为这是最明显、最直接的策略，但实际上策略不止这一种。

每一种策略的选择都应该是经过思考的。如果对你而言，最好的策略恰巧和你的最终目标相同，那没什么问题，但根据我的经验，最好的策略很少是最明显的那种，因为改变行为的过程中有很多地方和我们想象的不一样。直接抵抗的策略通常是无效的，这就是明显的策略通常效果并不好的一个例证。

以不喝碳酸饮料为例，我列出了以下 8 种策略来表明我的意思，括号里注明了每种策略的类型。这些策略可以单独使用，也可以几种结合起来使用。

1. 不再喝碳酸饮料（直接抵抗）

2. 逐渐限制喝碳酸饮料的行为，直至完全不喝（逐渐戒断）

3. 不再买碳酸饮料（切断来源或改变环境，还有关于如何实施

这种策略的次级策略）

4. 给喝碳酸饮料的行为制定一种惩罚（负强化）

5. 选一种比较喜欢的替代饮料，并且让自己随时都能获取它（替代）

6. 想喝碳酸饮料时，等待 10 分钟（进行控制，减少诱惑，等待渴望消失）

7. 给自己第二选择，并给这种选择加上回报（神经绕路加上正强化）

8. 要求自己在每次喝碳酸饮料之前先喝一满杯水（设置健康的阻碍和半替代）

是不是感觉豁然开朗？你至少有 8 种让自己不喝碳酸饮料的策略，没必要死守着一种方法，试了失败，失败了又试。理论上讲，这些策略中的任何一个都行得通，实际上有些策略可能更有效，有些策略依个人情况而定。

因为是策略——不是愿望——最终决定你是成功还是失败，所以值得你花时间好好思考一番。我在这本书中推荐的策略都是经过思考的，但不要以为我的策略对你而言就一定是完美无缺的。

加法胜过减法

瘦身最大的一个困难就是，你感觉自己必须放弃一切，要少看电视，要丢掉所有你最爱的垃圾食品，因此瘦身看起来无聊、枯燥、困难。

如果不需要少吃零食，只需要多吃健康的食物呢？你吃健康食物越多，就会越习惯吃健康食物。问题不是人们爱吃不健康的食物，而是人们被训练得总吃不健康的食物。我有时候也会吃不健康的东西，但我对这些东西的胃口有限，因为我一直都在练习吃健康的食物，现在也已经变得更喜欢健康的食物了。我曾经每天都吃快餐，这只会让我变得更想吃快餐。你现在做出的每个选择，都为你下一次在相同情况下的选择提供了前例。

节食是一种剥夺正常权利的行为，所以不节食是件好事。成功瘦身的意义更多的在于给你的生活增加新的、好的东西，而不是把已有的东西拿走。

不要害怕食物

人们节食的时候，会"害怕"他们不能吃的食物，无论是面包、加工食品还是肉。当你害怕某种东西的时候，你会承认这种东西在某些方面比你更强大。我们不害怕蝴蝶，因为我们知道蝴蝶不会也不能伤害我们。

恐惧看似一种强大的动力，但实际上会让你处于脆弱状态，并形成一种"要么放开吃，要么完全不吃"的思维模式。所以，如果你害怕甜甜圈（但又真的很喜欢甜甜圈），你会尽可能长时间不吃甜甜圈，直到意志力崩溃，然后重新捡起吃甜甜圈的饮食习惯。这种过程你经历得越多，你的恐惧就越会被强化，你就会认为自己不能抵抗诱惑。

事情进展不顺利的时候，恐惧带来的这种"要么放开吃，要么完全不吃"的思维会损害自我效能感（self-efficacy）。不要害怕吃甜甜圈，要有策略、冷静地制定方案，让自己少吃一点（我们在后面的"情境策略"一章中会讲到）。用策略戒掉某种东西，比用情感要容易得多。

学会延迟满足

没有明天，我们拥有的只有今天。我们都知道这个道理，提醒一下自己这一点也挺好，但还有一点很容易被忽视，那就是你可以转变自己的思路。不要想"我现在要喝一瓶碳酸饮料，明天再喝一瓶水"，而要想"我现在要喝一瓶水，明天再喝一瓶碳酸饮料"。这样想完全没问题，就算你第二天真的喝了一瓶饮料。

给自己投资是件让人高兴的事，因为你知道有回报在等着你，这种对回报的期待有时候比回报本身更让人感到开心。通过延迟满足，你会让期待时间变长，让最后得到的满足感变强，你做的正确的事会远比计划中多。吃健康食物和不健康食物同样如此。人类很会拖延，延迟满足是一种健康的拖延行为。

延迟满足指的是"我知道我现在就能这样做，但我要待会儿再好好享受这件事"。过度饮食（通常吃的是超加工食品）就是把你能承受的回报从一开始就全塞给你，但根据边际效用递减法则（law of marginal utility），这其实并不是让满足感最大化的好方法。

我是在经济学课上第一次了解边际效用的，教授用一个很简单的例子解释了这个法则："你会觉得第一块比萨饼比第二块更好吃，第二块比第五块更好吃。"你可能注意过这个现象，不仅是吃东西，生活的所有方面都如此。如果你真的想让食物带来的满足感最大化，那就最好不要吃撑。如果吃一种东西吃到撑，那么你得到的回报就只剩食物的味道，在已经吃饱后还要消化食物会让人感到不舒服甚至痛苦，我可以从气体、胃胀等方面更详细地解释为什么，但这些内容暂且不提。

我这样说是想让你更明智地吃东西，用不同的方式享受食物，不要为瘦身而受苦。其他人在给出同样的建议（不要过度饮食）时，常常会让你感觉你的满足感被剥夺了，好像这是你为了瘦身必须做出的牺牲一样。

人类需要回报，我们无论如何都会让自己得到回报。要想让瘦身效果持久，必须以一种既能带来回报又能瘦身的方式生活。当你习惯了延迟满足，你会做出更多的正确决定，并从中得到回报，之后，延迟的满足又会给你另一重回报，再加上更健康的身体和更美丽的身材。

不要把延迟满足当作硬性规定，只要试着往这个方向靠近，试着今天做健康一点儿的事就行了。直接抗拒和延迟满足之间有一条微妙的分界线，站在分界线正确的一边至关重要。你根据自己感觉到多少抗拒，可以判断自己处于哪一边，如果抗拒感很强烈，那是因为你太勉强自己了，这个时候可以放轻松，对自己的要求低一点。

不念过往

瘦身过程中最大的一个困难，就是来自过去的负担。如果你体重超标已经有一段时间了，你可能会为自己的生活方式或体重感到羞耻，我建议你放下这个思想包袱。你不应该也不需要感到羞耻，这种思想对你没有好处。其实让这种思想影响你，根本就不合逻辑。

把从这一刻开始的以后想成一片空白，这样的话，未来在客观上就是中性的，从这一刻开始，你可以选择无数种不同的生活方式，所以沉湎于过往不仅浪费时间，还会阻碍你以后取得进步。

共同基金通常会对撤资者说："过去的表现不能体现未来的成绩。"我们的生活也是一样，无论过去是好还是不好。对那些过去充满了后悔和错误选择的人来说，未来是一种自由；对那些过去生活得不错的人来说，过去能提醒他们继续保持良好态势。你无法改变过去，所以不要总对过去念念不忘。

你在训练自己

几乎每个试图瘦身的人都会犯的一个最大的错误，就是没有认清自己在做什么。如果你用微习惯策略去瘦身，你的瘦身过程就会变得不一样，而且你会爱上这些改变。为什么？

因为你不是在接受惩罚，你也不是在为瘦身而"做出牺牲"。

惩罚和牺牲的看法是注定会失败的。顶级运动员每天在做什么？训练。顶级作家每天在做什么？写作。每个在自己的领域内成功的人在做什么？不断练习，直至成功。

就像有些人生来就有运动细胞，有些人从小就学高尔夫，有些人天生就长不胖（无论他们的生活方式如何）或者已经学会了怎样管理身材，而其他人都以"西方生活方式"——一种能有效让人发胖的方式生活着。要想变得更健康、更瘦，你需要重新训练自己的大脑和身体。

如果你不满意自己目前的体重，但是很喜欢目前的生活方式，那你就要做出选择了，因为生活方式决定了体重。二者就像大米是白色的和冰是冷的，是永远捆绑在一起、密不可分的。但生活方式也不是非此即彼的，你平时吃得很健康，也经常活动，并不意味着你就不能再吃松露巧克力，不能在应酬的时候喝饮料酒水，不能看一整天剧。如果有人告诉你"要瘦身就不能做这些事"，那么他们在很多层面上都错了。

过健康的生活是一种享受，我指的不是由此而来的好身体和好身材。为了表达得更清楚，我可以举一个健康生活方式带来积极连锁反应的例子：更好的营养会让你睡眠更好，这会让你的食欲更小，接着让你的饮食习惯更好，所有这些又会让你更有活力，然后让你变得更活跃，让你的身体变得更健康，思维变得更敏捷，随后让你更自信、更成功，之后让你赚更多钱，最后让你拥有一辆法拉利。更好的营养能让人拥有一辆法拉利？这看似不可能，但即便不可能，健康生活方式带来的连锁反应依然出奇强大。你可能不会因为吃蓝莓而得到一辆法拉利，但当你活得更健康，你会看到一些让你惊喜的改变。

运动员的饮食控制和训练项目都是相当严格的，而许多运动员都十分享受其中的每一分钟。许多人对健身上瘾，许多人最爱沙拉。人们不是不可以变成这样，只是这种生活方式对大多数人而言还比较陌生。

选择界线而非规则，身份而非服从，"不"而非"不能"

当一个人要瘦身时，他想到的第一件事是什么？

"我不能吃垃圾食品，我必须多吃蔬菜。"

这句话听起来没什么问题，但其实不是对瘦身的正确态度。这句话的措辞暗含我们对自己失去控制的意味，"我不能"和"我必须"是我们在没有选择的时候会用的字眼，比如父母告诉我们，我们不能在朋友家过夜。

"对不起，詹姆斯，妈妈说我今晚不能在你家睡。"

说这句话的就是伤心的小斯蒂芬（我还是爱你的，妈妈）。

反之，一个不抽烟的成年人在别人给他递烟的时候会说什么？

"不了，谢谢，我不抽烟。"

孩子不能掌控自己的情况，但成年人可以。

"不能"更像是对权威的一种转述，而不是自己做出的决定。比如，小斯蒂芬想在朋友家睡觉，但他不能，因为他的父母不允许。如果成年人在节食的时候对自己说"我不能"，然后又发现自己其实可以做决定，那么他们很容易违反规则。

这种心理也有科学依据。瓦妮莎·帕特里克（Vanessa Patrick）和亨里克·哈格特韦特（Henrik Hagtvedt）找来120名学生，让他们给自己吃健康食物的愿望打分（1 ~ 9分），并让有些学生用"我不吃某东西"，让另一些学生用"我不能吃某东西"来描述自己如何抵抗不健康食物的诱惑。

之后，学生们开始进行另一项实验，他们都以为这两个实验之间没有关系。把第一个实验的调查问卷交上去后，每人可以选择一根巧克力棒或一根"健康的"燕麦棒 —— 其实水果作为健康食物更合适，但不管怎样，研究确实得出了一些有趣的结果。

说"我不吃"的小组中，64%的组员选择了燕麦棒，其余人选择了巧克力棒，而说"我不能吃"的小组中，只有39%的人选择了燕麦棒。

"不"比"不能"的效果更好，因为"不"是基于身份的表述，而不是试图控制行为的简单尝试。用研究人员的话说，"因为'不'暗示了稳定、不变的立场，涉及自身（即'这就是我'），所以当目标的关注点是内在的、与自身相关时（我不吃快餐），说'不'更有效果"。

重点：基于身份的决定让内在的、长期的目标（比如瘦身时定下的许多目标）更有力量；遵守没有基础的"不能"规则，会让你失去力量，并激发叛逆的一面。

如果你决定不吃蛋糕，但有人极力劝你吃蛋糕，或者问你为什么不吃，请不要说你在节食，不要说你"不能吃蛋糕"，这样说会让你显得很无能为力，也会给你这样的感觉。你应该说你不想吃蛋糕，这样你就会感觉更有力量了。看到二者的区别了吗？

可能会让你感到惊讶的是，你完全可以因为不想吃而拒绝不健康的食物，而不是因为要控制体重。现在的社会从各个方面迫使我们向加工食品屈服，但只要想想这些食品的原料以及会对身体产生的影响，这些东西就没那么诱人了。你现在对加工食品的看法可能还不是这样的，但你用微习惯策略训练自己爱上真正的食物之后，你的自我感觉和外表会变得更好，个人偏好也会改变。吃低质量食物的人还不知道，吃健康的食物会让他们感觉有多棒。

我并不是说你以后再也不会吃薯条了。我算是一个怪人，朋友来家里玩，我会把胡萝卜当零食，把新鲜水果当甜品来招待他们，但我也吃薯条、汉堡、比萨，也喝红酒和啤酒，极少时候，我甚至喝碳酸饮料，虽然我很反感碳酸饮料对健康的害处。除了人工甜味剂和反式脂肪，没有什么东西是我绝对不吃的，我没有规定自己能吃什么、不能吃什么。我不怎么吃不健康的东西，因为我已经改变了自己的身份，你也可以做到。

食物没有优劣之分

一旦认为食物有优劣之分，你就会变弱。吃某种食物不会让你变好或变坏，也不会让你高人或低人一等。我们吃东西是为了生存，有些食物比其他食物更有营养，但我们吃所有食物（几乎所有）的目标都是生存。我甚至听说曾经有一个女人多年来只吃比萨饼，从不吃别的。

与大多数人相比，我吃得很健康，但这并不会让我比其他人更好或更坏，也不会让现在的我比在大学时整天吃快餐的我更好。我现在精力更旺盛，我的饮食促进了我的健康，但是我们作为人的价值和我们吃什么东西没有一点儿关系。

你知道，人们在吃掉一整块巧克力蛋糕之前都会说"唉，我这样做真不好"。这就让食物有了优劣之分，就像在说吃蛋糕就是做了坏事。猜猜这会让你产生什么情绪？愧疚和羞耻。

对食物的选择没有好与坏之分，只是有的食物对健康和瘦身有益，有的食物对其有害。当你吃了一个甜甜圈，你不需要感觉自己好像背叛了最好的朋友，或者自己是一个糟糕的人，你需要意识到的是，你吃这个东西是为了高兴，而不是为了生存，以及你有可能让肚子上多了一点肥肉。吃这个没什么错，只是会有后果而已。

丢掉一致性思维，大量吃健康食物

为什么你更有可能狂吃薯片而不是西蓝花，你想过吗？你也许会认为，这是因为薯片更好吃，而且更容易大把塞进嘴里，这一点在某种程度上说是真的，但还有一个更危险的原因。

我们不太可能大量地吃健康的食物，是因为我们有一种思维定势。人人都知道薯片会让人长胖，因为薯片的碳水化合物含量高，脂肪含量高，热量高，饱腹感不强，所以一个人开始吃薯片的时候，会把吃薯片看作一个"不好的选择"。我们往往追求一致性，而吃太多薯片相当于在瘦身方面犯了两个错误（食物本身让人长胖，吃的量太多），所以与这些错误保持一致性会让我们在心理上感到舒服，虽然之后会让我们懊悔。我们可能都这样想过：反正我已经犯了这个错误，不如将错就错，一错到底。

我们吃西蓝花的时候，会意识到自己做的事对身体有好处，而过度吃某种东西似乎和好事是"对立的"。因为我们正"表现良好"，我们不想过度吃什么，让良好的表现打折扣。但是，过度吃健康食物几乎是不可能的，人为控制自己少吃健康食物也是不明智的，如果你现在让自己少吃西蓝花，之后你会吃更多别的东西。我不是说你必须吃很多西蓝花，而是想告诉你，为什么你不需要担心吃健康食物过量。

真正的食物比超加工食品饱腹感更强的一个原因在于感官饱腹感。这个概念指的是吃了一定量的某种食物后就不想再吃这种食物。对我来说，蛋奶酒和巧克力软糖很快就能让我有感官饱腹感，这两种东西很好吃，但是味道太强烈，"存在感太强"，所以我吃不了太多。

食品科学家知道这个道理，并找到了一种方法来规避这种现象。如果食物或饮料有多种不同的口味，我们就会吃得更多，喝得更多。你知道吗？生产商把软饮料设计得很好喝，口味都略有差异，而且不太强烈，就是为了避免让你有感官饱腹感，从而让你喝得更多，这是真的。

如果你身边有健康的食物，尽管放开去吃。"健康食物"和

"大份"两个词放在一起，似乎让人感觉有点奇怪，因为我们的常识是吃东西不能过量，但对水果和蔬菜而言，多吃也很少会带来问题。前文提到的那个为期24年、涉及人数超过10万的研究发现，体重下降和水果摄入量相关，这也就意味着，多吃几份水果会让你减掉更多体重。

我经常大量吃冰鲜水果（一般是芒果和蓝莓），在水果上撒肉桂粉充当甜点，但一般只吃200到300大卡，我就会感觉完全吃饱了。

不以瘦身为目标，要以不长胖为目标

一项针对非裔女性的研究发现，比起以瘦身为目标，以不长胖为目标能让她们减掉更多体重。想要"瘦身"会让你认为自己要比平时多做一些事情，意味着你已经"落后"了，需要额外努力，但这不是真的。这样想会导致"稀缺心态"，会让你认为自己需要少吃东西（这两种心态都会让你的体重增加）；而以不长胖为目标，会让你把关注点放在你现在吃的食物以及不要让自己吃得过多等事情上（而不是总想着要造成能量缺口）。

需要杜绝的"沉重"念头

有些念头本身就能让你长胖，因为它们会对你的行为产生很大的影响。如果你想瘦身，一定要杜绝这些念头。

1. "我可以信任这种食品。"人们总是对食品工业太过信任。你

需要记住，食品销售者是在做生意，你的健康根本不是他们关心的事。这些食品就包括"瘦身食品"，你以为有用，但其实不然。

如果某种食品贴着"瘦身"标签，一般意味着里面含有人工甜味剂。在圣安东尼奥市进行的一项为期 9 年的研究中，研究人员在分析数据后发现，每周喝 21 瓶含人工甜味剂饮料的人与不喝这些饮料的人相比，体重超标或变得肥胖的概率几乎要高一倍，体重增长幅度要多出 47%："基础 ASB 摄入量和所有结局指标之间呈明显的正向量效关系"。另一项研究发现，添加人工甜味剂的饮料可能比添加糖的饮料更容易让人发胖。

2."我应该奖励一下自己。"小狗才需要食物的奖励，人类需要的是回报。我们需要一个比奖励含义更广泛的词语，因为除了食物，还可以用其他许多方式给自己回报。找到另一种回报自己的方式，是改变过度饮食和压力性进食（stress eating）等习惯的重要手段。

3."这顿饭只是小小地破例一下。"特殊情况和例外是持续性的敌人，因此也是成功瘦身的敌人。还记得我们讨论过，小的改变可能通过复合过程产生巨大的力量吗？这同样适用于小的"例外"。"就这一次"这句话听起来没什么害处，但能导致上瘾，或者无法戒断，从而毁掉许多人的努力。我们需要明白，生活中的微小改变在复合后可以让你的生活变得更好，也可以让你的生活变得更坏。永远不要看不起吃一根胡萝卜带来的好处，也永远不要忽视"就这一次"可能带来的坏处。（请注意：微习惯会让你对破例的需要和渴望最小化。）

4."如果别人都这么做,那应该没什么问题。"社交压力是人们无法成功瘦身的一个重要原因,一共有以下三个方面:

● 我们想合群。

● 我们不想让任何人不高兴。

● 我们默认其他人都会对自己负责。

假设聚餐的时候,一桌人点了一个芝士蛋糕。在这种情况下,你不是很想吃芝士蛋糕,因为你知道里面含有各种人工食品添加剂,加工程度很高,而且也并不是很好吃。如果不考虑别人,你会直接拒绝吃芝士蛋糕,但所有人都劝你尝一点儿,所有人都吃得很开心,而且似乎所有人看起来都挺健康,所以吃几口蛋糕能有什么坏处呢?

坏处不是这一次你吃了几口芝士蛋糕,而是你允许你以外的因素来替你做决定。如果你吃了芝士蛋糕或者别的什么东西,请确保做出这个决定的人是你,并不要害怕说"不"。

坚持自己的价值观比时时刻刻都保持礼貌更重要。如果是为了捍卫自己的价值观,礼貌其实没有那么重要。有些人不同意这个观点,因为他们相信社交礼仪至上。如果有些人因为你不愿意和他们一起吃芝士蛋糕或喝酒而生气,那么你才是应该生气的人,因为他们不尊重你的愿望和价值观。真正的朋友会支持你变成一个更好的人,不会因为你拒绝和他们一起吃不健康的东西而不高兴。能够说"不"非常重要,因为如果你不能,你就会被其他人的观念所控制。

在美国,每顿饭都喝碳酸饮料十分"正常"。要想在一个肥胖率为70% 的国家做一个体重正常的人，你必须和大多数人不一样。我们会被身边的人影响，因此我可以给你一个很好的建议：如果能找到生活方式健康的人，就去找他们，和他们待在一起。

就算我能给你很多策略，如果你身边都是生活习惯不健康、整天吃垃圾食品的人，要想做出改变依然很难。环境是塑造人生的最强大的力量之一，如果你发现自己一直在瘦身中挣扎，那么请好好看看你所处的环境在怎样影响你的行为。

5. "现在跳30秒钟舞不会帮我变瘦。"你要是想发胖，就去给自己定下很高的健身和饮食目标，高到需要满足诸多条件才能去执行这些任务。当你把健康的生活方式捧得太高时，你为之做出的努力会更少。

是的，运动很重要，长期运动还能促进瘦身，但是你不需要一次做满30分钟运动。你要让运动成为一件普通的事，普通得就像随手拿起一包零食。你可以随便跳跳舞，哪怕只是几秒钟也好。在等微波炉加热东西的时候，你可以做一个俯卧撑（或者几个）。把尝试的门槛降低，会增加尝试的次数。现在，请站起来，四处转转，走10秒钟，就10秒，你不需要在机场打太极拳，只需要站起来，伸展伸展四肢，四处走10秒钟。如果能做到这一点，你就能成功在生活中应用微习惯策略。起来四处走10秒后，请接着读下面的内容。

如果你还没站起来，而且不想站起来，想一想为什么有这种抗拒心理。可能是因为你觉得10秒钟太短了，不会有什么用，要是在另一种情况下，你可能会站起来；或者可能只是因为你下意识地觉得不站起来更好。你会有这些想法，是因为你还没有练习去做这些小事情，还没看到这样做会产生的好处。如果你对某件事很陌生，潜意识就会放出一层烟幕弹，找出这些借口。就这一次，强迫自己站起来，就算是做了一次实验，只需要10秒钟。10秒钟之后，对比一下你的感受和之前的感受，最坏的结果也不过是感觉不好也不坏。

你有没有觉得心跳稍微加快了，精神稍微变好了？很好，这一点点运动已经很有用了，因为总比坐10秒钟要好。这件小事不会阻止你以后多运动，而是会让你现在或以后更有可能多运动。每次证明自己能够像这样迈出一小步，你就会在今后减少对运动的抗拒。

6."我要为瘦身做一些大事，要彻头彻尾地改变自己的生活习惯。"和前面的观点类似，那些给自己最大的压力，让自己做出最大改变的人，是最可能瘦身失败的人。前文提过的一项研究显示，期待BMI指数下降最多的人最有可能在瘦身时半途而废。想减掉的体重越多，最后能减掉的体重越少。

那些经济状况比较好的人很少是一夜暴富的，他们会有条不紊地进行储蓄和投资，让财富慢慢积累。同样，那些瘦身成功的人不是10天内瘦下来的，而是逐渐改变自己的行为，然后让身体慢慢变得更好的。就像理财一样，一天的收入微不足道，但最后的整体结果会让人激动不已。

7."我要少吃一点。"别轻易动这个念头！这一点对我们来说也许比较反常识。"少吃一点"的想法看似聪明，但其实会触发一种稀缺心态，而我们对稀缺的东西没有抵抗力。当你的生活以每天吃多少东西为中心时，你就变成了食物的奴隶，而不是主人，长此以往，你可能反而会暴饮暴食。

要想瘦身，你需要有"富足思维"，你应该这样想：我有充足的食物，吃这么多东西已经让我感到很满足了，我已经吃很多了，下一顿饭马上就要来了。这样想会让你一吃饱就停下来，而不是感觉食物似乎很稀缺，从而控制不住，让自己撑到"腰带都断了"。

羞耻是阻碍，不是解决办法

羞耻感和内疚感不同，羞耻感是对内的，内疚感是对外的。心理治疗师作家约瑟夫·布尔戈（Joseph Burgo）曾说："羞耻感和内疚感有时同时出现，一个行为可能既会带来羞耻感，又会带来内疚感。羞耻感反映的是我们对自己的感受，而内疚感则意味着我们意识到自己的行为伤害了其他人。换句话说，羞耻感关乎自我，内疚感关乎他人。"羞耻感代表你感觉让自己失望了，感觉自己是一个"坏人"。

如果做某件事让你感到羞耻，你很有可能会再去做这件事。这种循环很难打破，而且对人打击极大，因为羞耻感会让你变得脆弱。当你脆弱的时候，你很容易做出一些之后让自己感到羞耻的决定，这和典型的司令官、队长、国王、女王的情况正好相反，他们处于强势地位，能坚定而自信地做出决定。

我对沉迷打游戏感到羞耻，并让羞耻感不断滋长的时候，说得生动一点，我感觉自己就像一坨屎。然后我会希望让自己感觉好受一点，忘掉羞耻感。要做到这一点，我就得去做些好玩的事，比如去打游戏。所以，对打游戏感到羞耻，反而让我更容易去打游戏了。

羞耻感是痛苦

羞耻感是一种情感上的痛苦，和所有痛苦一样，它是为了让你不敢再去做让你感到羞耻的事情。但情况往往和计划的不同，因为羞耻感会让我们变得脆弱。你越是脆弱，感受到的痛苦就越多，当痛苦多到你无法承受，你就会再去做让你感到羞耻的事来安慰自己，转移自己的注意力，然后循环就开始了。因此，羞耻感并不能防止我们去做让自己感到羞耻的事。

羞耻感让我们变得脆弱，更容易受到环境的影响，所以一个人会因为羞耻感而心甘情愿受另一方（或节食方案）的摆布。羞耻感只会对羞耻者造成比长胖更严重的伤害，根本不能让瘦身效果持久。要想长期保持苗条，你必须依靠发自内心的力量和选择。当你感到羞耻，比如在吃某些东西之前、之后以及过程中，羞耻感只会伤害你，伤害你的自信、自我价值感和自尊。所有这些对瘦身的不利影响，比最让人发胖的食物带来的不利影响更大。**羞耻感激励我们不再做让自己感到羞耻的事，这在理论上很有用，但羞耻感会对自尊心带来更大的伤害，因此羞耻感理论上对人有好处，实际上却**

对人有坏处。

我们要尽可能减少羞耻感，后面的策略都考虑到了这一点。

自主权

一个人因为喜欢运动而去运动，另一个人因为"15 天要瘦 15 磅"的目标而去运动，这两个人有什么不同？答案就在于自主权。

心理学对自主权的定义是"根据自己的自由意志而做出选择"。自主权是人们提升自我、设立目标时至关重要，但一直被忽视的一个因素。自主权很重要的原因很简单——我们都想自己说了算（实际上也的确是自己说了算）。有时候我们会放弃自主，希望得到某个结果，但这样做有一个严重的问题，**你失去的是自主的感觉，而不是真正的自主权。**

如果有人说，要瘦身，你必须运动到筋疲力尽，同时少吃东西，你会怎么办？你会失去自主的感觉，而不是真正的自主权，你最终还是会像以前一样不再运动，该怎么吃还是怎么吃。

你可以压抑自主感，在一段时间内按照某个方案的要求去做，但最终还是会收回自主权，这就是我们计算失误的地方，不是吗？我们发誓要完成困难的运动和节食任务，以为自己在得到想要的结果之前能"咬牙坚持下来"，但在某个时候，我们会正式收回之前假装送出去的自主权。

这种情况不仅限于来自其他人的要求，我们自己设定的目标也会让我们失去自主感。比如，简在新年计划中决定，每天运动两小时，争取瘦100磅。10天后，简不想运动了。她的膝盖很疼，浑身酸痛，动都不能动，但她觉得自己被自己放的狠话搞得骑虎难下——当初她是在聚餐时喝了第六杯香槟之后，向众人宣布自己要瘦身的。简决定彻底放弃瘦身计划。这时她会有什么感觉？如释重负，自由。简的瘦身计划失败了，她为什么还会感到释然？因为她重新得到了自主感。

人们放弃节食时，会遭受一些不合理的批评，其他人会说："你应该坚持下去。"他们在暗示，做一个瘦而不开心的人比做一个胖而自由的人更好。但我们永远不会按照节食方案的要求去做，因为对我们而言，自由高于一切。

自主权的两个层面

设定目标的最佳策略不仅需要保护自主感，还要加强自主感。要做到这一点不简单，因为自主权有两个层面，意识层面和潜意识层面。自主权的反面是奴性，奴性在这两个层面的表现是这样的。

意识层面的奴性：比如你想瘦身，于是决定不吃蛋糕。接着你看到一块蛋糕，你最终把蛋糕吃了。这时意识层面的渴望（瘦身，不吃蛋糕）被潜意识层面的渴望（吃蛋糕）控制了，你感觉自己就像蛋糕的奴隶。

潜意识层面的奴性：比如你想瘦身，于是决定不吃蛋糕。接着你看到一块蛋糕，你控制住了自己，没吃掉蛋糕。这时潜意识层面的渴望（吃蛋糕）被意识层面的渴望（瘦身，不吃蛋糕）控制了，你有一种被剥夺的感觉，因为你还是想吃蛋糕。

是不是好像怎样做都是失败？无论你吃不吃蛋糕，身体中总有某个部分感觉被什么控制了。凡是尝试过瘦身的人，对这种困境都不陌生，因为节食能让我们暂时做出健康的选择，以得到想要的结果。在动力和意志力耗尽之前，我们可以用这种方式来瘦身（意识层面的渴望），但潜意识是很强大的，不会允许自己被控制得太久，你的渴望会越来越强烈，抵抗诱惑的能力会越来越弱。意识在短期内可以胜出，潜意识则会在长期内胜出。

打破这个困境的唯一持久、彻底的办法，就是让意识和潜意识具有相同的渴望。 如果你在意识层面为了瘦身不想让自己吃蛋糕，而且在潜意识层面没有吃蛋糕的强烈渴望，会怎么样？这就产生了一种双赢的局面，因为你在意识和潜意识层面都不想吃蛋糕。这样我们就会开始养成习惯，也就是通过训练，让潜意识与意识层面的偏好一致。

要想成功养成一个习惯或改掉一个已有的习惯，必须在一段时间内持续做出某种改变。一个人吃蛋糕吃了16年，不会因为喝了10天的蔬果汁就改掉吃蛋糕的习惯。你也不会在30天内从一个宅男变成每天健身的运动狂人。这两种策略虽然很流行，但是会扼杀潜意识中的自由感。我们选择这样做，因为这与意识层面的渴望一致，但忽视潜意识的渴望，可能会让你无法实现目标，因为和潜意识作对，你绝对会输。也许在10天或30天内，你可以胜过潜意识，但我们已经谈过短期瘦身计划有多不明智，所以要想赢，必须改变潜意识的偏好，而不是向潜意识宣战。

《微习惯·瘦身篇》介绍的策略的目标就是保护你在意识和潜意识层面上的自由感。当一切由你说了算，当策略足够灵活，能适应你的生活和潜意识中的渴望，你做出的逐步改变就能持续一生。

实现巨大改变的最佳策略是能适应你需要的，而最糟的策略则是让你咬牙坚持、服从指挥的。如果想彻底改变自己几十年来的生活方式，你需要的绝不仅是一个食物清单、一个运动计划或别人的一句鼓励，你需要一个与你的潜意识契合的策略，让改变尽可能不留痕迹地融入你的生活。

现在我们就来深入讨论一下这种策略，首先从食物开始。

WEIGHT

LOSS

第 6 章

饮食策略

这是能吃和不能吃的食物列表……开
玩笑的，让我们想想更聪明的办法。

在刺激和反应之间，有一个空间。在这个空间中，我们有力量
选择自己的反应。而我们的反应体现了我们的成长和自由。

——奥地利神经学家维克多·弗兰克尔（Viktor Frankl）

不要完全禁止垃圾食品

如果你想试试这个策略，你可以随时吃任何想吃的东西。没有限制，什么东西都可以，可以吃不健康的东西，不用计算热量，一切选择都取决于你。

我们的策略是多吃健康的食物，而不是像许多人那样不吃不健康的食物。如果强行规定自己不吃某些东西，意志力和动力迟早会失灵，然后就会有麻烦了。一旦打破了规则，你会立刻让自己再遵守规则吗？还是会去试试不同的方案？许多人一旦"违反规则"，就会彻底放弃，甚至去吃更多本来规定不能吃的东西。

长期来看，禁止自己吃某些食物会让不能吃的食物变得更加诱人，因为在心理层面，不能得到的东西反而会吸引我们。明令禁止某种食物也是在暗示，这种食物实在是太诱人了，你只有强迫自己远离这种食物才能不去吃它。这种做法是错误的，因为这样做反而会提升低质量食物在你心中的价值。

总之，真正的目标是吃健康的食物。吃东西在很大程度上是一个零和游戏，如果你整天都在吃健康的食物，肚子里就没有多少地方来塞其他东西了。有些人担心吃了健康的食物之后还会继续像平时一样，吃同样多的不健康的食物，从而吃进更多热量。这种情况一般不会发生，因为健康的食物一定会在肚子里占据一定空间，而且每一卡的健康食物都会带来很强的饱腹感。

此外，完全禁止不健康的食物的做法不可能持续，大多数人也不会喜欢这样做。你最好不要强迫自己不吃任何垃圾食品，这听起来有些荒唐，但长远看可以让你吃更少的垃圾食品。

也许你对这个方法有一些疑问，比如，这和那些不节食、本来就允许自己吃很多垃圾食品的人有什么两样呢？

绝不吃和放开吃的折中

为了控制饮食，人们一开始会完全不吃某种食物，最后却会陷入完全不吃和无法控制的暴食之间的循环。如果能在这两个极端之间找到可以持续的折中位置，你就能控制住自己的饮食。**为了让身体变得更好，无论你做什么，都必须是完全可持续的**，贪多嚼不烂只会让事情变得更糟。

《纽约时报》采访过《瘦身达人》的一名参赛选手丹尼·卡希尔（Danny Cahill），记者写道："卡希尔先生今年46岁，他说自己从三年级开始就有体重问题了。三年级时他开始发胖，后来越来越胖。他靠不吃东西来瘦身，最后又总是忍不住用勺子一次吃完一整罐蛋糕奶油，然后躲在厨房里，内心充满羞耻感。"这种由羞耻感和匮乏感造成的循环不仅会让人感到难受，而且还会导致一种暴饮暴食的糟糕的策略，会让腰围像受到惊吓的鲀鱼一样一下子膨胀。一般来说，对于食物和生活，越是直接压抑自己的欲望，欲望反而会越强烈。

试图禁止自己吃蛋糕，结果却狂吃蛋糕，比根本不去节食更能让人发胖。另一方面，持续选择减少吃蛋糕的次数，或者每次少吃一点，就能带来巨大、长久、积极的改变，并能不断进步。而且，如果你用心、有意识地去吃蛋糕，过后想想，你可能会发现蛋糕不值得吃，这会让你在下一次做出不同的选择。一个总吃不健康食物的人，要变成一个允许自己吃不健康的食物、但又常常选择不吃的人，首先要做到的是有意识选择，然后是要养成新习惯。

微习惯的一个很大的"副作用"，就是提高你每天选择食物和做运动的意识。有意识地做出行动，意味着能更好地控制自己的行为，知道是什么触发了各种行为，以及还需要做些什么。

你即使每天只跑步一分钟，也会提高对运动的意识。你即使每天在特定时间只喝一杯水，也会对之后的饮料选择有更强的意识。关于早餐的一个微习惯能让你对其他餐食有更强的意识。如果一个人只能做出一种改变来瘦身，那一定是增强意识。增强意识能让我们重新就无意识的坏习惯做出更审慎的决定，并不断寻找改进的机会。

把有意识地选择食物和努力吃真正食物的做法结合起来，你就会朝着正确的方向，持续地做出微小的改变。这种改变的力量远比表面看起来更强大，因为不同于暂时的改变，可持续的改变能不断发生复合。

不加限制才是聪明的做法

我允许自己想吃多少垃圾食品就吃多少垃圾食品，但我很少会主动选择去吃垃圾食品，因为我已经慢慢地改变了自己的饮食习惯。如今我在大多数情况下更喜欢对我有益、未经加工的天然食物。

有一次，我在一家希腊餐厅吃饭，配菜可以选薯条或沙拉，这是瘦身者面对选择的典型场景：一种食物很健康，另一种食物很不健康（我不需要瘦身，但我想保持健康的心情和瘦身者想要瘦身的心情是一样的，所以情况差不多）。我一直以来吃得都很健康，于是我决定放纵一下，来一份薯条。但是随后我满脑子想的都是沙拉，这不是开玩笑，是真的。我本来决定点薯条，最后还是点了沙拉，我现在经常做这样的事（要知道，我以前可是吃糖果和快餐上瘾的）。

这和饮食习惯不健康的人恰好相反，不是吗？他们努力想让自己吃沙拉，但满脑子想的都是薯条，于是最后还是吃了薯条。他们点薯条本质上和我点沙拉是一样的 —— 只是让我们做出决定的习惯正好相反。

如果我当时对自己说，我一点儿薯条都不能吃，因为薯条不健康，那么我对薯条的一丝渴望就会变得格外强烈，我就得在"应该吃的无聊的沙拉"和"不能吃的美味的薯条"之间做出选择了。现在你明白，这种态度会怎样把我们引向错误的方向了吗？

永远不要小看习惯改变偏好的力量。在我刚刚讲的沙拉的故事中，我并不是压抑下了对薯条的强烈渴望，然后英雄般地选择了沙拉。我说我比大多数人更懒，意志力更薄弱，说的都是实话。我没有去克服什么困难，我也不是什么英雄，我只是更喜欢沙拉，这也说明了为什么瘦身不是关于意志力的战斗。

本来准备吃垃圾食品，结果更想吃健康的食物，这种转变你也可以实现。如果人们能明白并感受到，比起与自己对抗，用习惯来改变偏好要容易和有效得多，人们就会放弃节食和蔬果汁，更加重视习惯的养成。我希望这本书能帮助你做到这一点。

习惯就是我们的偏好。我们要是聪明一点，就会让习惯为我们所用，而不是让习惯与我们作对。对比一下那些通过习惯毫不费力地瘦身的人，和那些完全通过意志力，整天强迫自己选择某些食物，一直计算热量的人，想强制瘦身的人更辛苦，而利用习惯的人则更聪明，走得更远。

对自己负全责

我们现在依赖着各种体系，已经越来越不习惯对自己负责了。我们吃的东西由食品工业体系生产，如果想瘦身，我们就会去吃标着"瘦身食品"字样的东西。

这些体系夺走了我们的控制权，降低了我们对自己的责任感。如果一个体系能带来好结果，跟着这个体系走也没什么错；如果不能带来好结果，那么我们就得脱离这个体系，收回控制权，并对自己负责。

理想状态下，我们想永远对所有事情负全责，但负责一件事需要时间和精力（两种有限的资源），所以我们只能有选择性地关注某些事情。

现在许多人变得体重超标，就是因为依赖食品工业，而现在的食品工业极易让人长胖。节食和瘦身体系本来应该解决这个问题，但这个体系甚至更残破和无用。面对两个无用的体系，我们需要对自己负全责，才能变得健康、苗条。

对自己负责的方法就是质疑一切。食用色素安全吗？山梨酸钾对人体有什么影响？油经过高温加热会发生什么变化？这种瘦身食品真的能帮我瘦身吗？还是只是短期有效，给我虚假的希望？这瓶水果冰沙真的是用100%的新鲜水果做的，不含任何食品添加剂吗？这些问题一般人都不会问，也懒得去问，或者没有时间、精力和专业知识去问，但这些问题很重要，不仅关乎体重正常，还关乎如何保持身体健康和最小化生病的风险。

许多人认为，健康是高品质生活最重要的因素。身体健康的人可能不这样想，但身体不好的人明白，健康无比重要。我想说，无论你现在是胖是瘦，身体是好是坏，健康都值得我们对其负起责任。

请想想这一点：节食让人们遵守一系列规则，实际上把人们训练得不再对自己负责。而这本书会教给你许多策略，让你对自己的微习惯以及饮食选择全面负责。那些对自己负责，不再强迫自己吃得完全健康，并能做出微小、可持续、理智改变的人，最终才会瘦身成功。

从现在开始，你要对自己的体重和健康负全责，再也不要把控制权交给别人。如果我们能信任那些标着"低热量""瘦身食品""低脂""零热量"字样的东西，那我们就完全不用考虑食物的因素了，所有人都会很苗条。接下来一节的主题是"他们怎样骗了你"，你会明白为什么信任食品公司的人最后又是生病，又是长胖。

有些人看到食品包装上写着"瘦身食品"，就以为这种食品能帮他们瘦身，于是立刻不再对自己负责。这样做是不会变瘦的。能否给一个产品标上"瘦身"字样并没有什么限制，即使有，可能也是基于食品本身的热量，而不是它对体重的整体影响。

健康生活的现代挑战

如今，想过健康的生活很难，这是目前许多国家的社会现状造成的。美国社会尤其崇尚便捷性和过于简单的"健康饮食"，这不仅是食品工业的错，也是我们的错。不含添加糖的食品并不比含添加糖的食品卖得更好，所以现在很难找到不含添加糖的食品了。这表明整个社会都没有对自己的饮食选择负责，因为如果味道是最重要或唯一的因素，含糖量高的食品就会卖得最好（事实也是如此）。

把健康的生活变得容易一些是我们整个策略的基础，但对自己负责是你必须做且不能变得容易的一件事。没有人替你做这件事，你必须对自己吃什么和做多少运动负责。一个人如果把吃健康的东西看作最重要的事情，又怎么会吃得不健康呢？许多人让便利店、餐馆和政府为自己的个人健康负责，但便利店和餐馆忙着赚钱，政府忙着管理，它们没有精力为你负责。

如果你能对自己负责（通常就是对食物多留意一下，看看成分表，知道自己在吃什么，这是多么简单的事），并养成一些微习惯，你就能活得很健康。首先，你要知道自己面对的是什么。食品工业是一门大生意，陷阱无处不在。接下来我们就来看看食品公司是怎样骗过我们的。

他们怎样骗了你

如果食品公司用了一些看起来很健康但实际上有漏洞的广告词，几乎可以肯定，他们的产品不健康，千万不要吃。有时他们会列出一些有益健康的功效，但这也不一定就代表这种东西很健康，因为加工食品能从各个方面对健康带来伤害。在这一节，我会举一些例子，说明食品公司怎样用各种小陷阱让消费者以为一些原本不健康的东西很健康。

如果你在包装袋上看到下面这些字样，请提高警惕，食品公司可能在误导你做错误的决定。每次拿起一包食品，不要看前面的广告词，直接看后面的成分表。接下来我会解释，为什么不能相信包装上的广告词。我举的这些例子只是冰山一角，但通过这些例子，你会明白我们要对付的是什么。

100% 全麦

你的理解：100% 全麦！太棒了！我就应该吃这种健康的东西。

真实含义：不含小米和藜麦（废话）。100% 全麦并不代表食品中的小麦是全食，或者不含其他成分，或者没有被加工得面目全非。

多种谷物

你的理解：太棒了！可以吃到好多健康的谷物！

真实含义：制作这种食品用了不止一种谷物，但这些谷物依然可能经过精加工，失去所有营养成分，然后加上焦糖色素，看起来更像是未经加工的。一家很受欢迎的三明治连锁店有一种含9种谷物的面包，其中最主要的两种成分是"全麦面粉"和"强化面粉"，强化面粉就是经过精加工的白面粉，剩余的8种谷物含量只有2%，甚至不足2%。这种面包基本上就是全麦加白面包，再加上一点点其他谷物。严格意义上可以说含9种谷物，但除了全麦成分，白面粉比其他8种谷物加起来还要多！其实这就是化了一个"健康妆"的白面包而已。

由全谷物制成

你的理解：这种食品是由100%的全谷物制成的！

真实含义：全谷物的确在成分表中，可能就排在精加工谷物之后（精加工谷物仍然是构成这种食品的主要原料）。买面包和意大利面的时候，关键要看是不是注明了"100%全谷物"。这才是你想看到的东西，其他的都是陷阱。当然，所有超加工食品，就算是100%全谷物，还是不够健康。

由（100%的）真正奶酪制成

你的理解：这种食品的主体是真正的奶酪。

真实含义：的确用了真正的奶酪，但含量可能只有2%。芝士饼干常常用这一招，饼干里只有一点点奶酪和很多精制面粉。

低脂

你的理解：健康又有利于瘦身。

真实含义（可能是）：高糖！高盐！高防腐剂！高度加工！高度不健康！高额利润！

特级初榨橄榄油

橄榄油是油脂类食物中最健康的一种，也是瘦身的理想选择。如果你很看重食品的保健功效，那你最好只考虑特级初榨橄榄油——经压榨萃取的橄榄油（其他橄榄油通常经过加热，并使用化学物质进行加工）。特级初榨橄榄油已经成为一种热门产品，需求量很大，因此吸引了一些不良商家，你买到的特级初榨橄榄油可能并不是很纯，前面举的一些例子显示的都是对消费者的误导，但从严格意义上讲，这种情况才是对消费者真正的欺骗。

加州大学戴维斯分校和国际橄榄油理事会（IOC）合作，在两年内进行了两项研究，分析了186份橄榄油样本。第二项研究发现，美国销量最高的5种进口瓶装特级初榨橄榄油中，73%的样本都未通过IOC的感官评定。"橄榄油在感官评定方面表现不佳，表明样本已氧化，质量不高，以及/或是掺杂了廉价的精炼油。"关于最后一点的一个事实是，特级初榨橄榄油有时候会掺杂更便宜且不健康的精炼油，比如芥花油和大豆油。研究人员也测试了样本的脂肪酸含量，以区分货真价实的橄榄油和其他坚果油、植物籽油。

如果你想知道哪些初榨橄榄油品牌的 18 份样本通过了测试，体现了纯粹、高质量和100% 的好品质，这些品牌是 California Olive Ranch 和 Cobram Estate。Lucini 排名第三，18 份样本中有 16 份通过测试。《消费者报告》杂志也做过类似的研究，只有极少数品牌合格（其中也有 California Olive Ranch 和 Lucini）。

看到这些研究结果后，我去买了一瓶 California Olive Ranch 的特级初榨橄榄油，这种油闻起来和其他橄榄油不同 —— 非常香醇、浓郁，确实比较纯净。我上一次买的有机地中海混合橄榄油就没有这种醇厚的香气。如果你要买橄榄油，我强烈推荐上面的几个品牌。我和 California Olive Ranch 没有任何利益关系，推荐这个品牌还是其他品牌都不会得到什么好处，只是诚信的公司值得人们口口相传。

改变饮食偏好

一个足球运动员要想提升球技，不会每次把球踢偏了就扇自己一耳光，而是会练习用正确的方式踢球。如果他能学会用正确的方式踢球并坚持练习，正确的踢球方式就会成为一种强大的习惯，从而压倒之前错误的踢球方式，这样他的球技就会提升。这是一个简单明了而且很直接的过程。但是，有多少人还在靠着内疚感和惩罚来节食，激励自己吃"正确的"食物？有多少人还认为食物有优劣之分，把食物分成"好的"和"坏的"，而不是去实践健康的饮食方式？

　　饮食和其他所有行为是一样的，因为饮食和习惯紧密相关。我们也许很难看出这一点。改变饮食的办法就是练习吃你想吃的东西，而不是禁止自己吃某种食物，指望自己能抵抗诱惑。我要重申一遍，**想改变自己的饮食习惯，靠的是练习去吃你想吃的东西，而不是禁止自己吃不健康的东西。**

　　假设你现在嗜糖如命，每天灌碳酸饮料，还是快餐鉴赏大师，你真的认为避开这些东西就能解决问题吗？你只会感到又饿又沮丧。但如果你学会享受健康的食物，你就会开始更喜欢健康的食物。我们对食物的偏好并不像想象中那样固定，偏好是可以改变的。

扔掉规则，改变习惯

　　要戒掉坏习惯，必须重新有意识地做出舍弃坏习惯的决定，这和养成好习惯正好相反。养成好习惯需要把有意识地做出决定变成在潜意识层面上自然行动。大多数人不会重新有意识地做出决定，而会遵循节食方案，压抑自己的习惯。对行为的核心部分进行压抑可不是一件明智的事。

　　如果我的节食规则是不能吃冰激凌，那我会更想吃冰激凌。吃冰激凌能证明我的自主权，证明我比规则更强大，让我感觉一切由我掌控，而且冰激凌很好吃，所以我当然要吃冰激凌了。不能吃的东西总是很有吸引力，这种不太合理的规则会激发我们反客为主的控制欲，从而起到反作用。

就像禁止吃加工食品会让你觉得加工食品更诱人，告诉自己"必须吃健康食物"会让健康食物变得更无趣。有一个理念很重要：饮食一直很健康的人，不需要禁止自己吃不健康的食物，也不需要强迫自己吃健康的食物。他们就是更喜欢健康的食物。这一点你也能做到。

实行微习惯计划的时候，你可以吃芝士汉堡、比萨饼、薯条、糖果，可以喝碳酸饮料和无糖可乐，与此同时，一些微习惯会改变你的偏好。其他人可能觉得这很荒唐，但之所以能有这种转变，是因为我们在乎的不是表面上的改变，而是根本上的对饮食的习惯性偏好。

一旦吃更健康的食物让你变得更瘦，感觉更好，你对超加工食品的观念就会改变。当你的味蕾适应了有营养的食物的美妙味道，你会忍不住想，现在有这么多好吃的东西可以吃，我之前的重点为什么非要落在让自己不吃某些东西上呢？

甜椒奶酪事件

有一天晚上，我躺在床上，突然间坐了起来，趴在床边开始呕吐，把我心爱的底特律雄狮队的枕头都弄脏了。我吐不是因为雄狮队在球场上表现不好，而是因为食物中毒，那天我吃了一些甜椒奶酪，却没发现奶酪已经变质了。接下来一连好几天我都没舒坦过。

直到现在，我都不喜欢甜椒奶酪。那天晚上之前，我虽然不认为甜椒奶酪是最好吃的东西，但也很喜欢吃，可那次食物中毒改变了我对甜椒奶酪的看法，让我对它产生了不好的联想，总会想到食物中毒。有一些因素能影响我们对食物的偏好，比如食物的质地、外观、气味，我们关于食物的记忆和信念，食物对我们的健康、精力以及胃肠的影响（比如吃豆子会胀气），食物的社会影响（影响酒精消费的一个常见因素）。影响饮食偏好的因素远不止味道。

对食物的偏好是天生的还是习得的

　　大多数人都对盐有点儿上瘾。加工食品和餐馆里的食物都含有大量的盐，有些人甚至还会自己再加盐。人们这么爱吃盐是天生的吗？当然不是。我们不需要那么多盐，也不是一生下来就喜欢吃盐，我们是被训练得爱吃盐的。

　　有研究发现，新生儿对含盐量中等的食物有中性以及厌恶的反应。直到两三岁，幼儿才开始喜欢咸味的食物。平时吃盐较少的人，刚开始吃含盐量高的食物时表现出了相同的反应。这表明在任何年龄段，高含盐量的食物在一开始都会让人反感，人们需要一段时间来适应这些食物。

　　不仅吃盐如此，我们做的都是能给自己带来回报的事。从小社会就把我们训练得爱吃那些让人长胖的东西 —— 高盐、高脂肪和高糖食物。盐、脂肪和糖在正常情况下没有什么问题，但在不正常或数量超标的情况下就会造成问题。几乎可以肯定，加工食品的盐、糖和脂肪含量都是超标的。刚开始，我们会觉得这些食物很难吃。你是否在刚吃某种东西时觉得它太甜、太咸或者太腻？要是再多吃几次，你就会觉得这种口味很正常了。

我们已经习惯了吃各种物质含量都超标的食物。咬一口那些在实验室里生产出来的食品，浓郁的味道，大量的糖、盐和脂肪便充盈于口腔，给我们带来强烈的刺激。现在，人们不仅能接受，而且还希望从食物中得到强烈的感官刺激。

逐渐改变对食物的偏好

下面是我的一些有趣经历，可能和你的经历不同，但是能改变饮食偏好的人绝对不止我一个。

我以前对甜食的喜爱简直可以用"传奇"来形容，我喜欢甜食喜欢到只要是甜的，管它是不是食物，我都会去吃。我清楚地记得我姐姐曾经喊道："妈妈，斯蒂芬又在吃我的米老鼠唇膏！"我最喜欢唇膏的味道了。我还会吃 Tums 抗胃酸咀嚼片、维生素软糖、悄悄带回房间的糖果，我常常躲在床底下，偷偷吃我珍藏的这些美味（真不知道我小时候是怎么活下来的）。

我以前喜欢糖果，讨厌卷心菜；现在则讨厌糖果，喜欢卷心菜。我以前讨厌德国酸菜，现在喜欢它了。我以前在最差的快餐店吃饭，现在再也不去了。我以前每顿饭都要喝碳酸饮料，现在只喝水。

只要有改变的理由和正确的方法，我们可以、也一定会改变对食物的偏好。我现在吃得很健康，而我只是个意志力薄弱、曾经嗜糖如命的人。

你会发现，只要让自己自由地去吃不健康的东西，这些东西对你的诱惑就会大大减少。内疚感和羞耻感会让我们伤害自己。当你摆脱了这两种感觉，对所有食物一视同仁，你就能做出更正确的决定。把这个方法和每天的微习惯、情境策略结合起来，你对那些让人长胖的食物的看法就会彻底改变。

我现在也会吃不健康的东西，但是不经常吃，每次吃的量很少。当你重新对糖和盐等物质变得敏感，只要很少的量你就能感到满足。我以前吃冰激凌，会把好几个冰激凌球堆在一个大杯子里，因为一般的碗太小了。现在我很少吃冰激凌，就算是吃，也只吃一个球就能感到很满足。我从来没有刻意节食，我的口味就是自然而然地改变了。我没有禁止自己吃冰激凌，而是让自己多吃健康的东西。当我发现加了肉桂粉和花生酱的水果和冰激凌一样好吃，我就不再吃冰激凌了。

信念和改变悖论

如果人们非要经历过改变才相信自己可以做出改变，但因为目前还不相信自己可以做出改变，所以没试着做出改变，那他们怎么能改变自己呢？一旦你打破这个僵局，积极的改变和信念（自我效能感）就会互相促进。那么是信念在前还是改变在前？或者说，哪个才是更坚实的基础？

做出改变，就会产生信念。就算你没什么信念，微习惯也能带来真正的改变，因为微习惯会让你开始做出改变，然后相信自己可以做出改变。

　　直到每天一个俯卧撑的微习惯变成每天去健身的习惯，我才真的相信自己能练出一身肌肉。我以前三天打鱼两天晒网地举了三五年杠铃，几乎没看到任何效果，这样我怎么能相信自己能练出肌肉呢？同样，如果你断断续续地吃了很多年的健康食物，但没看到任何变化，你怎么能相信改变饮食习惯会改变体重呢？要想看到效果，断断续续地做某件事远远不够。

　　速效瘦身法和节食蔬果汁有一个明显的好处，就是瘦身效果立竿见影，从而会增强你瘦身的信念。但是这种效果不能持续，长期看反而会扰乱新陈代谢，摧毁你对瘦身的信念。为什么？因为一旦停止节食，体重开始反弹，你就又会相信真正改变自己是不可能的，这样好处就变成了坏处。更为讽刺的是，你会认为，如果这么迅速、巨大的改变都不能真正地改变自己，那真的是没有希望了。问题其实在于你想做出巨变，大脑和身体却都不喜欢这种改变。大脑和身体喜欢循序渐进、简单的改变，那我们就从这种改变开始说起。

让改变更简单

　　加工食品和健康食物相比总是有一个很大的优势，那就是加工食品吃起来很方便。一袋薯片能在你桌子上放几个月，只要想吃，随时可以打开吃，非常简单。把水果切成块不算麻烦，但相比之下，吃加工食品还是要简单一些。

　　如果做一顿健康的饭，连做饭加收拾厨房差不多要花两个小时甚至更多，要是时间没掌握好，饭还可能煳掉或者没熟。但其实有很多方法可以让吃健康的食物变得像吃加工食品一样简单（或者差不多简单）。

我既是一个"养生狂魔"，又是一个货真价实的懒虫，这就很不好办了，因为在美国，健康的生活方式一般要麻烦很多。为了摆脱这个困境，我必须想出各种方法，把健康的生活方式变得很简单，否则我会沉浸在沮丧之中。下面是一些比较实用的方法，能把健康的选择变得和会让人发胖的选择一样简单。

简单的健康餐食

买一只烤鸡，接下来一周用这只烤鸡做不同的菜。烤鸡在冰箱里至少能放三四天，要是一家人一起吃饭，一只烤鸡很快就能吃完。

买一些速冻蔬菜，这样你很快就能用微波炉或煤气灶做出一个菜。速冻蔬菜特别棒，既有新鲜蔬菜的所有营养成分，又能放很久都不坏，而且做起来很方便。

学会炒菜。我喜欢吃西蓝花，我会在平底锅里用椰子油或橄榄油炒西蓝花，再加一些万能调味料（不含盐的）、辣椒、生姜、姜黄，快熟的时候再丢一些已经做熟的鸡肉，让鸡肉顺便热一下，这样就做出了一道健康又顶饱的菜。这道菜很好吃，做起来很容易，也很快（只要大概10 ~ 20分钟）。找到这样一些简单又健康的方法对瘦身很重要，我们最好也多想想这个问题，因为这些方法能带来巨大的改变。下面还有一些小窍门。

　　学会用慢炖锅做菜。把食材都扔进锅里，等菜熟了直接吃就行了。

　　我早餐一般会吃鸡蛋、奶酪、面包和牛油果。用鸡蛋做早餐特别简单，你要是赶时间，用微波炉只要一分钟就够了。一些微波炉有专门用来烹制鸡蛋的功能。我有一个北欧器具公司生产的微波煮蛋器，四个鸡蛋只要八分钟就能煮熟，蛋壳也很好剥。现在我一般用平底锅（加橄榄油）煎鸡蛋，既简单快捷，味道也更好。

　　想吃甜点？鲜切水果对想瘦身的人来说简直是史上最伟大的发明。不要觉得这样说很夸张。很多人（比如我）就是因为懒得切水果才干脆不吃水果。鲜切水果是已经切好的，可以直接吃。每次想吃甜点时我都很开心，因为冰箱里有各种各样的鲜切水果。这些水果直接吃就很可口了，你也可以再加上原味酸奶（很适合当早餐、零食和甜点）。

　　我的甜点标配是一碗冷冻鲜切水果（一般是芒果、草莓、蓝莓）加超多肉桂粉，味道不比我吃过的任何甜点差，而且超级健康，还有利于瘦身。水果融化到一半的时候，味道鲜美无比。不要忘了，水果还是最好的瘦身食物之一（理论和实验都证明如此）。

　　以上这些让健康饮食更简单的方法都是我个人的做法，还有其他许多方法能让食物比你想象得更健康，吃起来更方便和美味，但你必须去着手找到这些方法。我希望早餐吃得健康点，就去找最简单的鸡蛋食谱；我希望在家里做饭，就去找相关信息，发现用平底锅炒肉和蔬菜简单又快捷。无论你需要什么，总会有一个简单的方法能满足你的需要。

　　以前我不做饭，总以为做饭很麻烦、费时间，后来我发现做饭也可以简单又快捷。如果你讨厌做饭，可以先试试我上面列出的这些方法，看看做饭是不是真的像你想象中那么糟糕。如果你还是觉得做饭是世界上最烦的事，你也可以点健康餐食的外卖。现在很多地方都有健康的私房菜外卖，这种外卖一般都面向注重健康的人群，所以不会像普通餐馆那样放很多让人发胖的添加剂。

即时、永久、简单的替代法

有一些很简单的替代法，每个人都能立即上手，而且能带来长久的益处，还不会让你付出任何"代价"。你只需要做一次决定，然后继续按原来的方式生活就行了。

吃全谷物食品。全谷物比精制谷物好很多，可不只是"好一点"而已。全谷物是高质量食品，精制谷物却会让人长胖。全谷物有更多的抗氧化剂、纤维和营养物质，而且消化起来更慢。如果你觉得全谷物不如精制谷物（比如白米和白面粉）好吃，努力学着让自己爱上全谷物吧。温馨提示：吃的时候想想这种食物对健康的好处，我想我就是这样改变了对德国酸菜和卷心菜的看法。

做菜只用椰子油或橄榄油。你知道自己做菜用哪种油吧？椰子油和橄榄油更有益于健康和瘦身，而且味道也不错。

用橄榄油、香草、香料、醋做沙拉酱汁。我们喜欢好吃的东西，这并不代表我们必须吃商店卖的那种含大豆油和糖的沙拉酱，让自己长胖。用橄榄油和意大利香醋做沙拉酱汁就很好，也可以加一些黑胡椒、香草、奶酪和辣椒来调味。吃（全谷物）蒜蓉面包的时候，配上橄榄油和蒜泥就能好吃到让你想跳舞。

需要蘸酱？用鹰嘴豆泥和牛油果酱吧！所谓"田园沙拉酱"就是披着健康外衣的大豆油，我们可以用鹰嘴豆泥和牛油果酱来代替一般的蔬菜蘸酱，你可以自己做这两种酱，也可以在商店里买到（记得读成分表）。

用大号叉子和小号盘子。如果你想通过换餐具从心理层面控制进食量，正确的选择是大号叉子和小号盘子。研究表明，这两种餐具都可以让人吃得更少。我之所以介绍这种方法，是因为只要做出一次改变就能带来好处，但有意识地控制进食比餐具如何更重要。要是能做到有意识地控制，你就算用小叉子和大盘子，也不会吃得太多。

吃多少东西没有食物的质量重要，所以你也不用把餐具都扔掉，全换成小号盘子。你只要明白盘子和碗的大小会影响你的进食量，然后适量地吃就行了。盛饭的时候最好一次盛够。有研究显示，碗里盛足量的饭，比一碗吃不饱再去添饭，能让人吃得更少。

不管怎样，尽量不要让盘子和碗的大小决定自己是否吃饱。当身体告诉你已经吃饱了，不管盘子和碗里还剩多少饭菜，请相信身体发出的信号。可以买一些保鲜盒，把吃不完的菜装起来，下一顿再吃。

留意吃饱的信号

永远不要要求自己把盘子和碗里的东西都吃完。要是统计一下有多少人吃饭时的目标是把东西都吃完，结果应该会很有意思。用盘子里的食物量决定自己的进食量根本不合逻辑，特别是在餐馆吃饭，因为每个盘子装多少菜是由餐馆决定的。

对比一下两种完全不同的吃饭习惯。端来一盘菜，一种习惯是把盘子里的菜吃光，另一种习惯是不管盘子里有多少菜，吃到自己感觉饱就不吃了，不多吃也不少吃。如果你有光盘的习惯，你可能一直都忽视了身体发出的信号，换句话说，你可能从来没和身体的节奏一致过。如果忽视身体的信号，只追求"光盘"，你会更容易把盘子里的菜都吃完。好消息是，身体依然会发送"我吃饱了"的信号，你只需要多留意这些信号。

身体健康远比把饭菜吃光更重要，不是吗？我要说明的是，我不是在提倡吃更少的热量，身体健康的人既不会热量摄入不足，也不会热量摄入超标。

要想瘦身成功，不需要计算、监控、微观管理自己的进食量，只需要有意识地吃东西。这样做的人，从来不会非把饭菜吃光不可，因为吃多少东西是由身体决定的，他们可能会吃光，也可能不会吃光，这和盘子里装了多少饭菜无关，只和身体发出的信号有关。

至于什么时候停止进食，吃饱了就停下来，别等到吃撑了才停。过度饮食和文化与习惯有关。日语里有一个说法叫"腹八分目"，就是指吃到八分饱。这是一条简单可靠的原则。不是让自己处于半饥饿状态，吃到八分饱就停下来，能让你更好地享受这顿饭。炎症和激素会影响身体释放饱腹信号，最好的办法就是以吃健康的食物为主，并自主选择吃什么。

饮酒策略

有一个比较好的饮酒策略，就是在喝酒的同时喝水。如果你某天晚上出去玩，准备喝几杯，我不会阻拦你，你也不要阻拦你自己，所以不需要让自己感觉没有尽兴，只要同时多喝水就行了。喝水能补充水分，防止出现宿醉，并会把饮酒过多带来的伤害降到最低。

喝酒最大的一个风险就是会影响饮食习惯。酒精会降低自控力，可能增加食欲，让你更想吃让人长胖的东西。我建议你看看自己之前的行为，然后制定自己专属的饮酒策略。

如果你发现自己只要一开始喝酒就会喝得太多，那就尽量减少喝酒的频率，降低因为喝酒而长胖的概率。如果你的酒量一般只有一两杯，那应该没什么问题，除非喝酒会让你养成不好的饮食习惯，这样的话，你需要尽量绕开这些习惯（借助面对诱惑的策略，后面会讲到），或者减少喝酒的次数。

饮食微习惯

你需要把前面的内容记在心里，但它不是饮食策略中的强制性规定。下面的这些微习惯会帮助你生活得更健康。

就算你情绪低落，生病了或是没有精神，你依然能完成这些简单的微习惯目标。而当你充满能量和动力，想要做出改变，你就可以超额完成任务，取得更大的进步。你会比以前更持久地行动，更聪明地做出改变，因为你的目标能适应你的各种情况，让你准确地完成每天能完成的任务量。大多数策略都需要超人的意志力才能带来持续的成功，但微习惯策略总能让你获得成功，无论你目前（或将来）的状态如何。

理想的微习惯

理想的微习惯做起来极其简单，还能让你开始投入地做某件事。比如，一个俯卧撑可以让我开始健身，每天吃一份新鲜蔬菜可以让我开始吃更多蔬菜。当你开始做某件事，你就有可能持续做这件事，也就是说，你最有可能去做的事就是你刚刚做过的事。

超额任务可做可不做，所以如果没有超额完成任务，不要感到难过。如果连续一个月都没有超额完成过任务，问问自己，微习惯真的让你开始做这件事了吗？或许你还需要再加一个步骤？微习惯是一星火花，任何火花都能点燃一片火海。

如果你每天都能超额完成任务，那就放手去做。超额完成目标让人感觉特别好，哪怕只是些小目标。我们习惯了定下大目标，却无法完成，便会感到挫败。这一次，你每天都能完成或超额完成目标。想一想这两种情况对心理产生的不同影响，"普通的目标"是每天跑一英里[①]，微习惯目标是每天跑 30 秒，如果你跑了半英里，以普通目标为标准，你就是失败了，但根据微习惯目标，你不仅成功了，还超额完成了任务！

[①] 一英里约合 1.6 千米。——编者注

微习惯鼓励你做出进步，无论进步大小。设定普通目标会让人们认为只有大的进步才有价值，这种理论很不准确，很没有道理，听到这种说法我甚至会很生气。地球上的每样事物都是由极小的单元构成的。所有的成功都来自微小的积累，微习惯就是让你以自然的方式，通过积累，取得进步和成功。生活中唯一可能一蹴而就的就是买彩票中奖（撞上好运），其他的成就 —— 比如达到目标和瘦身 —— 都需要你每天做出微小的决定和行动。

取得成就的感觉非常好，当你开始每天取得成就，你就会变成一个成功者。经常取得成功的人更自信、更主动，因为他们会期待自己成功，而已取得的成功又会激励他们去争取更大的成功。这样说可能很鸡汤，但事实的确如此，我称之为"成功循环"。

许多人想通过激发动力来取得成功，但他们搞反了。成功和动力会互相促进，最可靠的起点其实是成功，它会激发动力，然后带来更多成功。下面的微习惯能让你每天都成功，无论你是否有动力。当你连续几天、几周、几个月一直取得成功，你会变得比现在的自己更优秀、更强大、更成功。很难用语言描述这种体验，因为无论怎样看，这种微小的行为似乎都不可能带来这么大的改变，但是它的确有这种让人激动不已的力量。

可选的饮食微习惯

我唯一害怕的就是你看到下面这个清单时会感到失望，觉得它太短了，内容太简单了。简单是好事，但如果你习惯了要求高又复杂的节食方案，你可能不会这样想。微习惯和那些方案不同，因为那些方案没有用。最强大的策略就是尽可能简单，同时还有效。

每一个微习惯都可以做出很多调整，所以不要担心没有选择的余地。基本概念都很简单，因为要想瘦身，就要增强意识，选择健康饮食，增加运动量。吃东西的方式、情绪状况、看待问题的态度也会影响你的体重（主要是通过间接影响前面的三个核心因素），所以有些微习惯会与此相关。

浏览下面的清单时，思考一下自己想试试哪种微习惯，不要想着每种都要做到，一般最多四个微习惯就够了，比如两个饮食微习惯再加一两个运动微习惯。在第 8 章，我们会讨论怎样把这些微习惯（还有整体微习惯和运动微习惯）融入你的生活，从而形成一套微习惯计划。

多吃一份水果：首先要知道一份水果是多少，这样你才能知道自己的目标是什么。"一份水果"指一个苹果、一大盒浆果、一根香蕉或一个橙子。如果你想试试这个微习惯，手边要随时有水果。你要是像我一样喜欢方便，就买鲜切水果，鲜切水果买来就能吃，放在冰箱里也不会坏。我强烈推荐有机浆果和梨，因为非有机水果有大量农药残留，它和梨一样属于"十二脏"（dirty dozen）——农药残留最多的十二种食物。如果你买的不是有机的，记得清洗时多泡一会儿。

水果超额任务：多吃一些水果，或者拌上全脂原味酸奶吃。

多吃一份新鲜蔬菜：对有些人来说，每天吃一份蔬菜算不上一个目标，因为他们已经每天都在吃蔬菜了。这样的话，就把目标变得确切一些，比如每天吃一份生蔬菜，或者多吃一份蔬菜。一根胡萝卜、三块西蓝花、两块花菜、半个彩椒（红的、绿的、黄的）、一根西芹、四分之一根黄瓜、一把菠菜、八片生萝卜都是不错的选择，或者随便什么你爱吃的蔬菜都可以。如果你愿意，也可以把像蔬菜的水果当作蔬菜（比如四个圣女果或半个牛油果）。

如果你想配着蘸酱吃这些生蔬菜，可以用鹰嘴豆泥代替酱汁。最简单的鹰嘴豆泥里只有鹰嘴豆、橄榄油、柠檬汁、芝麻酱、大蒜、盐和辣椒。你也可以用牛油果酱，牛油果酱里一般有牛油果、洋葱、大蒜、西红柿、青柠檬、盐和辣椒。从商店里买包装好的蘸酱时要小心，里面放了大量的盐和防腐剂（会引发炎症），甚至还有很多糖。"蔬菜蘸酱"基本上都是大豆油再加一点其他东西，蔬菜上蘸满大豆油和让人发胖的酱料可不是理想的选择，即使这种蔬菜可能会帮助你达到理想的饮食状态（如果只有这样你才吃得下去蔬菜，那就吃吧），但终究不算健康。

蔬菜超额任务：比平时多吃一些蔬菜，或者吃一大份什锦"巨无霸"蔬菜沙拉。

进行一次健康饮食升级：这个微习惯很模糊，但实际上很有益处。在每天或者吃每顿饭（取决于你的计划和当时的情况）时，可以让饮食小小地升级一下。比如你在餐馆吃饭，平时都点薯条作为小食，这次换成烤土豆和四季豆，或者沙拉，这就是一种健康饮食升级。比如你在家想吃零食了，本来想吃薯片，但决定先吃一些没加盐的坚果，这也是一种健康饮食升级。比如你没点千层面而是点了田园沙拉，没有用一般的大豆油调制沙拉酱而是向服务员要了橄榄油和醋，这是一种双重升级。每一天，你都可以做出许多关于饮食的决定，所以不需要一下子全盘改变自己的饮食习惯（你也用不着去试）。这个策略会让你做出一次次微小的升级，从而让正确的饮食理念逐渐根深蒂固。

升级的反面是这样的：一天只吃两顿或一顿饭，饿了也不吃饭。你只要再想通过饿肚子来瘦身，就去读一读这本书的前言，提醒自己控制热量会让人长胖这个事实。如果平时到了晚上 11 点你就会饿，但某天晚上你没有感到饿，那就不要去吃东西。听从身体的信号，饿了就吃东西，没饿就别吃，并用微习惯策略改变自己的饮食习惯。

升级超额任务：双重或三重升级，上不封顶。

在家做一顿健康的饭：这个微习惯完全取决于你目前的情况和习惯，有些人每天至少在家做一顿饭，有些人每顿饭都在外面吃。我建议早餐在家里吃，因为做一顿健康的早餐很简单（鸡蛋有助于瘦身，因其富有营养，饱腹感也很强；水果和酸奶也是不错的选择，加上肉桂粉就更棒了）。对很多人来说，这个微习惯可能在刚开始时有点儿困难，因为目前你还没有养成这个习惯。如果你没法每天都在家做一顿饭，那就不要每天都做，可以换一个微习惯，或者争取一周有五天在家做饭，等等。微习惯有很多好处（有持续性、提高日常意识、养成习惯等），但也必须能适应你的生活方式。

不要骗自己：许多用微波炉加热的餐食并不健康，麦片和芝士三明治也不能帮你瘦身，精制意大利面和番茄酱会让你长胖（全麦意大利面和橄榄油倒是不错的选择）。

健康饮食升级：多在家做一顿饭，或者一顿饭多做点儿，留一些下一顿再吃。

喝一杯水：水是瘦身利器，原因我们在前面已经讲过了。你可能觉得每天喝一杯水这个目标不太合理，因为一杯水根本不够，很好，我就是希望你这样想。现在，你意识到自己每天喝了多少水，而且在想"我可以多喝几杯"，而不是因想着"每天必须喝8杯水"而感到压力很大。喝一杯水不会阻止你再喝一杯，只会让你更容易这么做。请记住，策略和最终目标不同。

水太无味了？我挺喜欢纯净水，但有些人喜欢喝有味道的东西，没关系，大自然有各种美味。如果你习惯喝有味道的饮料，可以在水里加水果、香料和碳酸，这会帮助你戒掉喝饮料的坏习惯。柠檬、青柠、薄荷、苹果、肉桂、芒果、姜、黄瓜、草莓、橙子还有几乎其他任何水果（特别是柑橘类水果）都可以把水变得好喝又健康。柠檬是最受欢迎的泡水食材之一，因为柠檬味道清香，富含类黄酮和抗氧化剂（比如维生素 C），而且只加少许就能出味。

你如果真的很喜欢喝有味道的东西（比如经常喝碳酸饮料、拿铁等，让水变得好喝对你来说至关重要），可以买一个泡水果的水壶，这样你每天都有好喝的水可以喝。网上有很多这种水壶，只需要把水果、蔬菜和香料扔进去，然后往壶里加水，再放进冰箱就行了。不要忘了肉桂！千万不要忘了肉桂（你要是有肉桂，可以去闻一下，这是我最喜欢的香味。我家以前养的猫就叫肉桂，我小时候经常给她唱歌，她会垂下耳朵开心地听）。

碳酸饮料和大多数不健康的食品一样，最大的优势就是方便获取。如果你在水里泡上你最喜欢的水果和香料，让自己随时都能喝一杯，我保证你很快就不会再喝加了糖浆的廉价碳酸饮料。饮料的味道是不错，但既然可以喝健康又美味的水，为什么还要喝碳酸饮料呢？

也许你懒得用水果泡水，因为到处都有现成的饮料，我理解，一个简单有效的办法就是买100％纯果汁，但是不要直接喝，而是加一点点到水里。你会惊喜地发现水竟然变得这么清甜可口，而且你也不会摄入太多果糖。

所有果汁（包括100％纯果汁），只要喝得多，都会让人长胖。水果是瘦身的最佳食物之一，但果汁会让人发胖。喝果汁的时候只要往水里加一点，让水变得好喝就够了。

不要买整包的冲调饮料，这些饮料里都有甜味剂，我从来没见过健康的冲调饮料。这种东西健身的时候喝可以，但不能成为日常的饮品。

喝水超额任务：两杯、三杯还是四杯水？不错，你可以的。

每口食物至少嚼30下：是每咬一口，不是每次塞满嘴的一口。

这个做法有几点好处：你会消化得更好，能更好地品尝和享受食物，会自然而然、有意识地去吃东西。几乎可以肯定，你会吃得更少，因为你有充足的时间去接收"我吃饱了"的信号。每吃一口东西，都数数自己嚼了多少下，慢慢练习，最终就会形成习惯，之后不用数，你就会嚼这么多下了。

我试过每口嚼30下的微习惯，效果很好。我的消化更好了，食物口感也更好了，我不再容易吃得过多了。但我也确实发现严格遵守每口30下的规则不太合理，所以我调整了一下，吃水果等比较软的东西嚼15下，吃肉等比较硬的东西嚼45下，大致按照这个数量来应该不会错。

充分咀嚼食物在减少进食量的同时不会降低饱腹感，还会带来更大的满足感，这可是巨大的、无可替代的好处。中国的一项研究发现，无论体重多少，咀嚼次数增多都会让被试男性少摄入12%的热量。根据研究结果，咀嚼次数增多会降低饥饿激素水平。在不限制被试咀嚼次数的情况下，肥胖的男性进食更快，咀嚼次数更少。要多嚼多少下才能少摄入12%的热量？ 25下。刚开始参与者们嚼15下，后来嚼40下，这时候就有了变化。根据我的经验，40下有点儿多了，要是你觉得嚼这么多下很麻烦，你可能就不会这样做了，而且我发现最好要求低一些，然后鼓励自己超额完成任务。你要是愿意，而且也能嚼40下，那就嚼40下吧。食物怎么嚼都不会嫌多，只会嫌少。

咀嚼超额任务：每吃一口东西，都争取多嚼几下。你能嚼够50下吗？你越嚼，就越控制不住要把食物咽下去。

WEIGHT
LOSS

第 7 章

运动策略

关键是让运动更有趣。

我们要把运动看作有趣的事，看作游戏，否则就会在潜意识里抗拒运动。

——加拿大演员艾伦·锡克（Alan Thicke）

调整心态

许多想瘦身的人一说起运动，就会想到筋疲力尽、超级难受的感觉，甚至还会想到身体上的疼痛。他们认为必须"惩罚"自己和自己的身体，才能看到让人满意的瘦身效果。极端高强度的锻炼固然可以带来效果，但如果这种锻炼让你对运动有了不好的印象，那么效果是不会持久的。

一项研究发现，因为体重超标而感到羞耻的人通常没有自信，抗拒运动。从简单的因果关系来看，这种想法好像很矛盾，人们要是想瘦身，运动又能帮助瘦身，为什么还要抗拒运动呢？因为运动让他们感觉不舒服，因为变瘦的社会压力太大了，因为他们以为要爬15座山才会有效果，因为他们无法摆脱作为一个胖子的羞耻感。总之，他们对瘦身的看法和印象不正确，所以他们甚至都不愿意去考虑运动这件事，更别说真的去做运动了。

做让你讨厌的高强度运动，一个月减掉15磅，和一个月体重没有变化，但是比以前更喜欢运动，哪一个好处更大？我希望你的答案是第二个，第二个的好处是任何健身计划的好处的198倍。你可能会质疑，因为15磅可不少，但是对健身的正确态度——以及知道怎样继续进步——将会让你受益终生。选择一个月减掉15磅就像是选择一次性拿到200美元，而不是下半辈子每周拿到100美元。

想想吧，如果你喜欢运动呢？如果你一想到运动就会微笑呢？如果你运动是因为想要运动，而不是出于某种目的或羞耻感呢？这种情况对很多人来说很陌生。人们眼中的运动是为了"甩掉小肚腩"，或者燃烧热量、减掉肥肉，如果这就是你对运动的看法，那么之后你会惊喜地发现，运动不止于此。

为了和主题保持一致，我们将关注长期的运动，而不是通过运动得到的短期效果。我用微习惯策略改变了生活的很多方面，其中之一是阅读。曾经，阅读对我来说是一种任务，我读书只是为了达到某个目的，阅读对我就像运动对很多想要瘦身的人一样，后来事情发生了变化。

我是怎样和阅读重修旧好的

我小时候很喜欢读书，特别是《鸡皮疙瘩》不重要没营养的闲书系列和《惊险岔路口》系列。在上学之后，有些青少年用性、毒品、酒精来表达叛逆，我用的是作业，好像也有点儿酷？我知道大多数小孩都不喜欢作业，而我对作业简直恨之入骨。我已经每周 5 天、每天 8 个小时待在学校了，老师还要给我布置作业，夺走我更多的自由时间！门儿都没有！

我的作业中很大一部分是阅读，我越是为了学业强迫自己读书，就越是抗拒读书。当然我那时也属于叛逆期，但这不仅是叛逆，我对阅读的看法也改变了。阅读不再是深入虚构世界的奇妙冒险，不再是非虚构世界中的启蒙探索，而是无聊的任务，"不能完成，后果自负"。在闲暇时间，我再也没有出于兴趣而读书。

上了大学后，我们有一门英国文学课，课上会阅读和讨论 J. R. R. 托尔金和 C. S. 刘易斯的作品，他们是我最喜欢的两位作家。但那个学期，课上要求读的书我一本都没读过。

我的潜意识想要自由，那么是什么束缚了我？阅读本身不是敌人，只是看起来像敌人，因为学校把阅读变成了夺走自由的工具，我只是想夺回自由。这听起来和你对运动的感受是不是很像？如果你常常因为要运动而感觉压力很大，那么你和运动的关系已经破裂了。社会氛围、瘦身书籍、瘦身计划往往会把运动从"动动身体的简单活动"变成让人讨厌的任务。

我的第三个微习惯就是每天读两页书，做起来很简单，很轻松，但是逐渐改变了我对阅读的看法。那段时间，我每个月基本都能读完一本书，我知道这没什么大不了的，但我以前一年最多才能读完一本书，所以已经是很大的进步了。为了写书，我还读了上千份文献资料，因为我可以自主阅读，自由阅读。

这个事例正好体现了这本书和你读过的所有瘦身书相比的不同之处。我不是在给你制订一个健身计划，让你"燃烧热量"或者锻炼腹肌，而是让你改变和运动（以及饮食）的关系，因为如果你能和运动重修旧好，你将终身受益，效果绝对胜过任何"30 天瘦身计划"，因为你不会在第 31 天感到茫然，不知道该做什么。

本章会讲到不同类型的运动，请记住，运动的类型并不重要，重要的是与运动重修旧好，不要再把运动看作一种任务，看作对胖子的惩罚，不要再坚持用错误的方式对待运动这件事。

其实，何必要讨厌运动呢？我们每天都在活动，这就是运动的一种，如果你不喜欢运动，可能就像当时我不喜欢阅读一样，解决办法就是毫无负担地重新认识运动。

你有没有发现，运动过后你的感觉会更好？运动对身体有多种好处，除了能提升几乎所有健康指标，还能帮你睡得更香，改善性生活，集中注意力，增强能量，感觉更好（释放内啡肽），情绪更佳（释放激素）。对抑郁症和焦虑症来说，运动的作用和服药效果相当。就像之前有人说过的，如果运动是一种药，这种药肯定会大火，而且销量会破纪录。

如果你不去运动，运动有再多好处也与你无关。每天做一个俯卧撑之前，我用了 10 年都没能做到持续健身，所以我完全明白那种想得到好处又不能行动的挫败感。请相信我，缺乏运动的动力是由潜意识决定的，你可以通过运动微习惯来改变潜意识。

有一点至关重要：结果最终由目标决定，但不依赖于目标。目标很重要，但不像人们想的那样重要。你可能还记得我的一个俯卧撑的故事：目标是运动 30 分钟，结果却是零；目标是一个俯卧撑，结果却运动了 30 分钟。目标和结果几乎反过来了，这种行为改变出乎所有人意料。原因其实很简单 —— 失败让人士气低落，成功让人受到激励、得以奋进。

设定一个小目标并达到这个目标，你就已经小小地成功了。无数个小的成功可以不断累积，最终形成巨大的成功。如果你太贪心，一开始就想有巨大的成功，只要失败了，你就会失去斗志。许多情况下，失败是从激发动力开始的，而动力是我们无法完全控制的东西。我一直很困惑，这个笨办法竟然会成为人们达到目标的主流办法。我认为我们把"理想远大"和实现理想的策略弄混了。要想成功，我们需要有远大的理想和微小的积累（而不是远大的理想和巨大的行动）。

微习惯很独特，因为微习惯很有趣，有趣到有点儿滑稽。"简直不敢相信，我的目标竟然是每天做一个俯卧撑。""从家门口走到大门口？认真的吗？希望邻居不要问我在这里干什么。"你以前害怕运动，现在觉得运动目标小得可笑，这可是巨大的变化。

除了运动微习惯，你也可以完成"超额任务"，做不做完全取决于你。如果你要做超额任务，那也是因为你自己想这样做（自主），而不是因为一些随机的、强制性的规则要求你这样做。微习惯很微小，所以你不会感觉被微习惯控制了。灵活的超额任务能增强自主权，因为超额任务取决于你的选择而非目标，你可以利用任何可以利用的动力和意志力来超额完成任务。

如果某一天需要休息一下，你可以只完成微习惯目标，这样就算完成任务了。就算是最小的微习惯，只要每天都在做，也是一种成功，因为这足以改变你在潜意识里对运动的态度。你不仅是在练习每天运动，更是在练习逐渐养成习惯，换句话说，是在接受"每天进步一点点也很有用"的理念。你会慢慢改变对运动的看法，不再认为运动是苦差事，不再认为只有大量运动才有用。我希望这个理论此刻对你而言是具有说服力的，因为如果把它运用到实践中，产生的效果会惊艳无比。

运动 vs. 多活动

　　大多数瘦身达人都说，运动没有节食重要。这从短期看很有道理。运动比不上节食，跑步 30 分钟可以燃烧大约 400 大卡（由跑步速度和体重决定），而这些热量只相当于汉堡王的一个芝士汉堡。

　　游泳运动员迈克尔·菲尔普斯（Michael Phelps）和橄榄球运动员贾斯汀·詹姆斯·瓦特（J. J. Watt）一天都会训练好几个小时，他们两个还有一个特别的共同点——据说两位运动员在训练期间一天能吃下超过 9000 大卡的食物！虽然他们摄入的热量是普通人的 3 倍多，但是两个人都没有长胖，因为他们的新陈代谢系统燃烧这些热量就像篝火烧棉花糖那么容易。如果去算算他们的训练燃烧了多少热量，结果应该比 9000 少很多，因为大部分热量是在他们不运动的时候燃烧掉的。新陈代谢比热量更重要，所以他们吃下像小山一样的食物也不会长胖，而普通人就算把饮食控制在每天 800 大卡，不久之后也会因为食欲增强和新陈代谢变慢而变得更胖。

　　训练已经成了菲尔普斯和瓦特的生活方式，普通人不需要像他们那样接受高强度的运动——我们可以慢慢地增加活动量，从而取得巨大的进步。菲尔普斯和瓦特的事例告诉我们的不是每天要运动 7 个小时，而是生活方式决定了新陈代谢。为了身体健康而运动固然重要，但是要想瘦身，多活动比做运动更重要。现在，我们似乎都认为健康的生活方式就是每天23.5个小时坐着不动，然后在跑步机上跑半小时。这半小时固然重要，但是剩下的23个半小时同样重要。根据网站juststand.org的调研，86%的美国人在工作时会坐一整天。这种情况很容易改变。

久坐的致命危害

2003年，6 329名六周岁以上的被试参与了一项研究。研究者给每名被试佩戴了一个监控器，平均监控时长为13.9小时。研究发现，在整个监控过程中，平均每名被试54.9%的时间，也就是每天7.7个小时，都是坐着的。有些被试每天静坐的时间最短达到8个小时，最长能达到15个小时。

关于久坐的一些研究结果如下：

● 2014年的一项研究表明，久坐是危害老年女性健康的一个主要因素（9.3万名被试）。

● 2010年的一项研究表明，久坐无一例外提高了所有被试的死亡率，减短了其寿命（超过12万名被试）。

● 2012年发布的一项研究中，222 497人回答了调查问卷。研究发现，久坐是全因死亡①的一个危险因素。

这些研究基本表明，久坐会带来致命的危险。其实久坐也让我

---

① 指一定时期内各种原因导致的全部死亡情况。——编者注

们错失了瘦身的机会。2005 年的一项研究中，10 名身材偏瘦的志愿者和10 名身材偏胖的志愿者穿上了一种内衣，这种内衣每隔0.5秒会记录下志愿者的身体姿势（谁想出这个办法的？）。数据显示，偏胖的人每天多坐了 2.5 个小时。研究结果表明，如果这些偏胖的人可以像偏瘦的人那样利用 NEAT 原理，他们每天也许可以多燃烧350 大卡。

NEAT 是 "非运动性热量消耗"（non-exercise activity thermogenesis）的缩写，指除了刻意运动之外身体燃烧热量的全部情况。我们无时无刻不在消耗能量，呼吸、思考、活动和血液循环都需要能量。除了运动，其他情况下消耗的能量各不相同。像菲尔普斯和瓦特这样的运动员不运动时燃烧的热量可能比普通人运动时燃烧的热量还要多。

我认为人们低估了 NEAT 的瘦身作用。他们往往认为微小的进步 —— 比如站着比坐着多燃烧的那些热量 —— 没有太大的价值，但这本书的主题就是，为什么微小而持续的进步总能带来出人意料的好结果。

大多数美国人在工作日的作息就是晚上睡觉，早上起床，然后一天都坐在椅子上。工作的时候站一会儿这种微小的改变可以带来很大的好处，不仅有利于加快新陈代谢，还有利于提高工作效率。

切斯特大学的约翰·巴克利（John Buckley）对站立和静坐的情况做了测试，发现站立的被试心跳每分钟多了 10 下。巴克利博士表示："这等于每分钟多燃烧了 0.7 大卡。"我算了一下，这意味着每小时就会多燃烧42大卡，这还只是站立不动的情况。詹姆斯·莱文（James Levine）称，如果不只是站立，还能在工作的时候简单地活动活动，比如做一些原本坐在办公桌前完成的动作，肥胖的人就能每小时多燃烧大约150大卡。最终效果可能远不止这些热量，因为新陈代谢也很有可能会慢慢提升（前提是持续地活动）。

确切地说，久坐本身不是问题，问题是大多数人坐着的时候一动不动。现在有很多类似Deskcycle的产品，也就是可以放在桌下的健身脚踏车，让你坐着的时候也可以蹬踏板。除此以外，还有可以放在桌下的踏步机。

以NEAT理念贯彻生活

大多数NEAT活动不会占用你任何时间。NEAT就是一种不同的生活方式，只需要你多用一用身体，而不是依赖机器和椅子。你可以站着而不是坐着，走楼梯而不是坐电梯，步行而不是开车。

我们首先要关注的就是自己的工作状态。因为除了睡觉，我们大部分时间都在工作。我是一个作家，大部分时间都坐在书桌前，所以我用了一种名叫Varidesk的电脑桌。这种电脑桌放在桌面上，你可以调节它的高度从而站着办公，也可以把它调到和桌子一样的高度。Varidesk使用方便、简单，只是价格不便宜。

想站着办公不一定要花很多钱。我刚开始试着站着写作时，在桌子上放了几个硬纸箱（硬纸箱看起来可能不太时髦，但汗湿的裤子也好不到哪儿去），把笔记本电脑放在硬纸箱上，我就能站着写作、把笔记本放在桌子上，我就能坐着写作，这种办法一分钱都不用花，效果也不错。

你可以考虑买一台高度可调节的桌子，或者一台可以放在办公桌下面的跑步机，或者自己做一个类似的桌子。温馨提示：第一天不要尝试站一整天，否则第二天你就会后悔。刚开始时每天站一两个小时，然后增加到半天，还可以加一个抗疲劳地垫。和老板商量商量，他们会理解你的需求（现在很多人都在用这些东西，而且很多研究表明，久坐危害很大，站着能提高工作效率）。

建议：站着办公的时候，腿不要绷得直直的，一动不动，可以活动身体，跳两下，换换姿势。长时间站立比静坐要好，但如果你一动不动，效果也不会太好（这也可以变成一个微习惯，本章末尾会讲到）。

站着办公最大的一个好处，就是你可以随时离开办公桌，然后再回来。如果你的工作和创作有关，你就知道创作有多难，灵感不会一直眷顾你，有时候你需要退一步。站着办公就可以让你真的退一步，暂时离开办公桌。我无法形容这份小小的自由有多强大。理论上，坐着办公时你也可以离开办公桌，但你必须先站起身，在很多情况下，这一点点极小的阻碍就足以让我们留在椅子上。

站着工作的时候，我更有精神，思维更敏捷，能毫不费力地提高工作效率（这是我没预料到的）。站着能提高工作效率的说法也许听起来不太可能，因为站着会消耗更多能量，从而让大脑中可用的能量更少。但身体的工作原理并不是这么简单的。静坐会减缓新陈代谢，站立会加快新陈代谢，新陈代谢率提高意味着能量更多，所以我在键盘上敲这行字的时候就正在蹦蹦跳跳。运动量小的活动不会让我们筋疲力尽，而是会激活身体系统，所以经常散步和慢跑的人常常说，他们的一些最好的点子都是在散步或慢跑的时候想出来的。如果是冲刺，你就没有精力想其他事了，因为身体的所有资源都被用在冲刺上了。

坐着工作让我感觉更懒散，浪费的时间也更多，有时候我甚至会坐在椅子上打瞌睡。舒服的姿势会带来懒散的行为。站着的时候，我发现自己的工作动力和精神至少是坐着时的两倍。

如果你试了所有方法，还是没办法站起来工作，你可以定一个闹钟，每隔一小时或半小时就提醒你站起来，四处转转。你可以做几个开合跳、俯卧撑，走动走动，甚至跳一小段舞。只要一点点时间，就能把沉睡的身体从休息状态唤醒，这个办法很简单，产生的效果可不简单。

不管怎样，一定不要让自己整天坐着不动。要重视这件事，因为活动对健康很重要，还能帮你瘦身。虽然我的工作需要久坐，但我还是能经常活动，一个关键原因就是我喜欢整天听音乐，然后常常跟着音乐跳舞。

如果你想多做一些NEAT活动，提高静坐时的新陈代谢率，在下一节，我会介绍一些"微挑战"（可以选做）。本节内容只是介绍一下我们要采取的策略。我们要多活动，不只是在健身的时候活动，更不只是按照瘦身方案、在高压下活动（这反而会让人们不愿意活动）。

运动类型

我搬到西雅图后，人生中第一次肚子和腰上有了赘肉（一边长胖一边写瘦身书可不行）。我觉得很奇怪，因为自从到了西雅图，我去健身房的次数比以前任何时候都多！但是为了增加肌肉，我吃得也很多，而且很久没有打篮球了，我第一次这么长时间没去打球。

因为我已经有了运动的习惯，又想减掉一些肥肉，我问了很多瘦身的人都会问的问题：我应该做哪种运动？我应该专注耐力，继续举重，还是做高强度间歇训练（high-intensity interval training，以下简称为HIIT）？

不是所有的运动都有相同的瘦身效果，最流行的运动可能效果最差。刚开始瘦身的时候，大多数人首先会做什么？他们会上跑步机，进行耐力训练。研究表明，这种比较温和的训练其实瘦身效果并不好。

运动瘦身的科学原理

1989 年的一项研究中，18 名男性和 9 名女性接受了为期 18 个月的马拉松训练，一年后，研究人员分析了他们的身体组成变化，发现男性的脂肪减少了 2.4 千克，女性的脂肪没有变化。你能想象跑了一年半的步，结果肥肉一点儿也没减下来吗？这可真让人丧气！

运动生理学家玛丽·肯尼迪（Mary Kennedy）对64名马拉松运动员做了一项先导性研究，比较他们训练前后的体重。他们每周跑步4天，一共跑了3个月。训练结束后，大约11%的人体重增加，11%的人体重减少，78%的人体重不变，这表明他们的马拉松训练可能对体重没有任何影响。

那么这些运动员都在浪费时间？当然不是。运动的好处远不止瘦身，但如果你的目标是瘦身，有一些运动可能比像仓鼠一样跑步更适合你。

研究表明，HIIT是燃烧脂肪的最佳运动，特别是对腹部的脂肪。我的问题可能就是太久没有打篮球。全场篮球和HIIT很像，冲刺和积极性休息交替进行。

一般来说，如果你能做高强度运动 —— 几乎每个人都能做某种高强度运动 —— 就不要做中等强度的有氧运动。很多研究表明，高强度运动对瘦身很有效，尤其利于减掉腹部脂肪。

研究人员对比了15周的HIIT和20周的耐力运动，发现HIIT更能减少皮下脂肪组织。二者的差距很大：比较6个部位的皮肤皱襞厚度，HIIT减少的厚度总和是耐力训练减少总和的9倍。花的时间和能量更少，还能得到9倍的效果，你不想试试吗？消耗不到一半兆焦的能量，HIIT能减少的脂肪是耐力训练的9倍，也就是说，消耗的能量相同，HIIT燃烧脂肪的效果其实是耐力训练的18倍。

另一项研究将45名女性分为三组：一组进行恒速训练，一组进行HIIT，还有一个控制组。前两个小组的心血管健康水平都有所提高，但只有 HIIT 小组的体重、全身体脂、躯干脂肪都减少了，空腹血浆胰岛素水平降低。

还不相信？（我已经相信了。）下面这项研究更让人震惊。10 名男性和 10 名女性被分成两组，一组每周在跑步机上跑步 3 次，每次跑 30～60 分钟，另一组也是每周跑步 3 次，但每次跑 4～6 轮 30 秒冲刺，每跑完一轮休息 4 分钟（全部运动时间不过两三分钟）。耐力训练小组的脂肪量减少了 5.8%，冲刺小组的竟然减少了 12.4%！这可是耐力训练小组的两倍多，而且运动时间远远少于耐力训练小组。如果这还不够说明 HIIT 的好处，还有一项小型研究发现，HIIT 降低了男性被试的食欲。

最后，你还可以搜索一下短跑运动员和马拉松运动员的身材对比图，看看他们有什么不同。短跑运动员无论男女，一般都比马拉松运动员肌肉更发达，有些马拉松运动员甚至看起来特别消瘦、虚弱。短暂的高强度训练会燃烧脂肪，但不会同时带走肌肉。

就我个人来说，要让我一次跑个几千米，没有报酬我是不会干的。打篮球也很累，但是我喜欢打篮球，打篮球也能让我保持健康。大多数人不会觉得马拉松很有趣，你要是不喜欢跑马拉松，它就不值得你去跑。有些研究甚至发现，耐力训练可能会对心脏产生负面影响，包括造成心脏疤痕。比如，一项研究发现，12 名职业马拉松运动员中，半数有心脏疤痕，而年龄相同的控制组却没有。这不一定证明耐力训练就有害，研究只体现了职业马拉松运动员的情况，而我们一般都不是一辈子跑马拉松的人。但我确实认为这项研究证明，运动量极大的耐力训练会拖垮身体，而不是让身体更强壮。

人们一般以为运动时长最重要，这些研究表明，运动强度比运动时长更重要。此外，中途休息也是不错的想法。HIIT 恰好就很符合微习惯策略的要求，我们想要的就是刚开始只会占用一点点时间的活动。不习惯高强度运动的人心里可能会有点怵，但是想一想只需要做几秒钟的运动，应该就不会这么害怕了。

在讲做高强度运动要考虑的事情之前，我要强调一件重要的事。高强度运动不是最好的运动，你真的会去做的运动才是最好的运动。你可能之前听过这句话，但这句老生常谈其实是真理。我相信大多数人都想做高强度运动，因为花的时间更少、效果更好。但如果你只有一边看喜欢的电视节目才能一边在跑步机上跑30分钟，那你肯定应该去跑步。任何运动都能让你变得更健康，也有可能让你变得更瘦。如果你想试试高强度运动，有几件事需要考虑一下。

做高强度运动时需要考虑的事

1. **安全性**。我尽量不让自己说的话听起来像医药广告，但是如果你不确定，或者之前有健康问题，最好问问医生你是否可以做剧烈运动。如果能的话，高强度运动比中等强度运动更能增强心血管功能，更有益于心血管健康，但是对易危人群而言，也可能在短期内大大增加心脏性猝死和心肌梗死的风险。下面的一些数据会让你安心一些。

一项研究记录了4846名冠心病患者做运动的情况。在129 456

个小时的中等强度运动中，有一例运动引起心脏骤停，在46 364个小时的高强度运动中，有两例运动引起心脏骤停。可以看到，两种运动引起心脏骤停的概率都极低，但是强度更大的运动引起心脏骤停的概率稍高一些，而这还是心脏病患者的情况，他们发病的风险本来就高一些。高强度运动更有益于心脏健康和瘦身，而且引发心脏状况的概率对心脏病人来说都很小，所以高强度运动几乎永远是更好的选择。

2. 运动最主要的好处不是瘦身。瘦身是健康生活的附加好处。瘦身让我们看起来更美，这是保持健康的作用。但健康生活的好处远不止外表和体重，如果你只盯着体重秤和镜子，刚开始效果还没有显现的时候你会很灰心。身体需要时间来表现出改变，如果你持续行动，自然就会有效果。无论你是否有动力，我们都会用聪明的微习惯策略帮助你坚持下来，如果你心里有疑虑，请记住这一点。

3. 高强度训练需要休息时间。注意不要过度训练，因为受伤会阻碍你进步。训练不一定越多越好。

4. 不需要每天都做高强度训练（除非你已经是一流的运动员了）。你从上面的研究中已经知道，不一定运动时间很长才会有明显效果。有一个好消息 —— 其实也不一定是好消息 —— 你现在越胖，运动带来的效果就会越明显。

5. 高强度运动能让身体保持活跃，即使是在停止运动之后。如果HIIT的效果只限于运动的时候，那么研究就会表明HIIT不如中等强度的训练了。HIIT效果更好，就是因为在停止运动后，HIIT

依然会对身体起作用。

我在我住的公寓楼里做的一个运动就是间歇性楼梯训练（公寓楼里没有多少人走楼梯，他们都坐电梯）。我从底下以最快的速度冲上楼梯，然后在活跃状态下休息，也就是慢慢走下楼梯，让自己喘口气。专业建议：我会在手机上放《洛奇6：永远的拳王》（*Rocky Balboa*）的主题曲，然后把手机放在楼梯最上面，这样我觉得很累、很难冲上去的时候，音乐的声音就会越来越大，激励我向上冲。

有一次楼梯训练结束后，我还流了10分钟的汗，洗完澡后，身上依然在冒汗——我的身体依然处于活跃状态。一项研究发现了这种"运动后消耗"对燃烧脂肪的作用：虽然低强度运动过程中消耗的脂肪更多，但高强度运动之后消耗的脂肪更多。

结论就是，如果想通过运动瘦身，就不要以运动时长为目标，要以运动强度为目标。你可以设计属于自己的HIIT，基本理念就是在15～60秒内拼尽全力，然后休息1～5分钟。

如果你想用跑步机，可以设置不同的模式，我用跑步机和健身车的时候都会手动调节速度。用跑步机进行间歇性训练有一个好办法，就是可以一边跑步一边看电视节目或比赛（如果健身房有电视的话），然后在插播广告的时候，做一些需要拼尽全力的运动。一般30分钟的节目之后，会有5～7分钟的广告，这个间隔时长很合适。等广告结束了，你不仅可以慢跑着休息，还能继续看节目！我特别喜欢这个办法，我和朋友也会在广告期间进行"弯举挑战"，试着举一些较轻的哑铃。

网上有很多各种各样的高强度训练，你可以搜一下"HIIT"或者"间歇性训练"，然后把这些运动变得有趣。在下一节你会看到，间歇性运动可以变成一种微习惯。

步行

步行的好处非常多，看看人类的身体，很明显我们生来就是要走路的。过去，要到各个地方去必须步行，后来我们发明了各种工具，人们不再经常步行了，但步行的好处非常多，我们不该停止步行。

如果你想在开始的时候做一些有效果、不累人的运动，散步绝对是不二之选。大多数运动都会增加食欲，但一项研究发现，散步造成的能量缺口不会使食欲增加。自主调节速度的快速步行虽然会造成轻微的能量缺口，但不会引起酰化饥饿激素、食欲和能量摄入的补偿性增加。这一研究发现为快速步行对体重管理的作用提供了支持。

美国国家体重控制登记处称，瘦身成功且未反弹的人群中，大多数人选择的运动都是散步。根据我的个人经验，长时间散步会让食量变小，比耐力训练的作用还大。我强烈推荐把散步作为基础运动，把 HIIT 作为超额任务，也可以把二者结合起来，给走路定一个数量上的目标，然后跑几次冲刺。我知道这个计划听起来很没有条理，但是有条理的计划适合那些已经有运动习惯的人。

如果你还处于努力让自己去运动的阶段，有条理的严格运动计划会成为你坚持下去的极大阻碍。可以考虑一下没有条理的计划，比如走到大门口，然后可以选择是否继续走路，途中是否做几次冲刺跑。计划的难度都由你来定，这意味着即使在状态不好的情况下，你也没有多少理由对运动说"不"。

抗阻训练

抗阻训练是增加肌肉的最佳运动，能带来很多好处，但是对瘦身有多大好处，研究还不充分。大量理论认为，肌肉增加会提高新陈代谢率，但有一项研究表明，HIIT 的瘦身效果更好，因为抗阻训练不会减掉脂肪（确实能增加肌肉）。刚开始的时候，我推荐走路和 HIIT，这两种运动能为你投入的时间和精力带来最大的初期回报。

尽管如此，抗阻训练对日常生活的好处比 HIIT 更大。抗阻训练能改善体态，让行为更敏捷，还能减轻身体虚弱造成的病痛，帮助伤口愈合（理疗）。因此，不要完全放弃抗阻训练。看着自己身材更苗条，身体也变得更好，你会感到很开心。如果你学会了享受运动，你也会爱上抗阻训练的。

运动微习惯

如果你从来没能坚持运动，那你一定得试试运动微习惯策略。下面的微习惯只是一部分，肯定还有更多。这些微习惯中的大多数只会占用你几秒钟，不是几分钟，也不是几个小时，地球上最忙的人也有时间完成这些微习惯，地球上最懒的人也有精力去做这些运动。微习惯让运动不再可怕，让运动变得有趣，让我们总能完成运动任务（几乎和全部既有运动计划相反）。下面是运动微习惯策略的一份清单。

- 做一个俯卧撑
- 做一个引体向上
- 做一个仰卧起坐
- 做十个开合跳
- 原地跑 30 秒
- 在跑步机上跑 30 秒
- 跟着一首歌跳一段舞
- 在楼梯上来回跑一次
- 从家门口走到院门口或者信箱处
- 穿上运动服（我没开玩笑）
- 穿上运动服后做一个俯卧撑（或其他运动）
- 不带任何目的性地去健身房逛一圈（请先不要嘲笑我，试一下再说）
- 做 30 秒间歇性运动（冲刺、爬楼梯、以最快速度原地跑等，原地跑在什么地方都可以做），也可以做 30 秒中等强度运动
- 点开一个健身视频（或者看 30 秒健身视频）
- 每隔两个小时站起来工作一段时间，或者每隔一个小时站起

来几秒钟，唤醒新陈代谢系统

运动超额任务：加大运动量，或者再做几个不同的运动。

你可能注意到，有些相似的微习惯有小小的不同，比如穿上运动服、穿上运动服后做一个俯卧撑和去健身房逛一圈。对有些人来说，运动的时候不穿运动服，他们就不会去完成超额任务，因为不想穿着上班的衣服运动。这样就有了"穿上运动服"这个微习惯，毕竟只要穿上运动服就足以让他们开始运动。其他人可能需要真的去运动才能开始养成运动的习惯，而且也要穿运动服，所以对他们来说，最合适的微习惯就是"穿上运动服后做一个俯卧撑"。还有一些人只需要"一个俯卧撑"这种微习惯就够了。我是从每天一个俯卧撑开始的，现在我只需要"去健身房逛一圈"这个微习惯，就能达到很好的效果。

特别微习惯（与运动和饮食无关）

冥想一分钟：冥想是间接瘦身的最佳方法之一。冥想能改善和瘦身相关的许多方面，降低皮质醇水平，增强意志力，提升意识和专注力，改善睡眠，这些方面都有助于体重管理。只要冥想一分钟就能带来改变，试试吧！可以搜索"一分钟冥想"的视频，学习如何进行冥想练习。

冥想超额任务：再冥想一分钟，或七分钟。

WEIGHT LOSS

第 8 章

微习惯策略

所有人都不以为然之际，变化悄然到来。

天下难事必作于易，天下大事必作于细。千里之行，始于足下。

——老子

微习惯依据

现在，我们要把所有内容整合成一个为你的生活方式量身定制的策略。下面是对前述微习惯的一个总结，选择你想要养成的微习惯，最好不要超过4个。

饮食微习惯

- 多吃一份水果
- 多吃一份新鲜蔬菜
- 进行一次健康饮食升级
- 在家做一顿健康的饭
- 喝一杯水
- 每口食物至少嚼30下

运动微习惯

- 做一个俯卧撑
- 做一个引体向上
- 做一个仰卧起坐
- 做10个开合跳
- 原地跑一分钟

- 在跑步机上跑一分钟

- 跟着一首歌跳一段舞

- 在楼梯上来回跑一次

- 从家门口走到院门口或者信箱处

- 穿上运动服（我没开玩笑）

- 穿上运动服后做一个俯卧撑（或其他运动）

- 不带任何目的性地去健身房逛一圈（请先不要嘲笑我，试一下再说）

- 做 30 秒间歇性运动（冲刺、爬楼梯、以最快速度原地跑等，原地跑在什么地方都可以做），也可以做 30 秒中等强度运动

- 点开一个健身视频（或者看 30 秒健身视频）

- 每隔两个小时站起来工作一段时间，或者每隔一个小时站起来几秒钟，唤醒新陈代谢系统。我发现如果站着工作，最好不要限定时间，只要"站起来工作一会儿"就行了。我站起来后会播放音乐，然后一边工作一边跟着音乐扭两下。

特别微习惯

冥想一分钟。

想了解更多微习惯，可以访问 minihabits.com 网站。

在《微习惯》这本书里，我介绍了通过每天做一些小事来养成

微小的习惯，继而改变行为的基本策略。开始培养微习惯之后，你需要确定习惯的依据。

确定微习惯依据

微习惯依据就是任何可以提醒你去执行这个习惯的信号。比如，一个人想养成练习弹吉他的习惯，他可能会说："我要在每天晚上7:30练习弹吉他。"他的微习惯依据就是晚上7:30这个时间。

一个好消息是，虽然瘦身不容易，但是养成好的饮食习惯和养成其他习惯相比有一个很大的优势——每顿饭本身就是一个依据。比如，你可以在晚上6点做俯卧撑（时间依据），可以在洗澡之前做俯卧撑（活动依据），也可以在一天中的任何时间做俯卧撑（没有确定的依据，灵活多变），但是到了吃饭的时间我们就会吃饭，而只要我们吃饭，就是在以行动养成微习惯（对和吃饭相关的微习惯而言，每顿饭本身就是依据）。

因此，所有和吃饭相关的微习惯都有一个活动依据，除非你希望所有微习惯依据都是灵活的。这样一来，你在一天中的任何时间都可以完成微习惯，每顿饭之间也可以。

我的微习惯依据一直很灵活，只要在睡觉之前做完就行了。和周围的人不同，我是完全不靠日程表来做事的。我很少制定日程表，我也不忙，每天都过得随心所欲，只要把该做的事做完了，我就很高兴。正是因为这种生活方式，我可以来一场说走就走的旅行，对我而言，不制订计划意味着自由（人类自古有之的核心愿望之一）。

　　我之所以提起这件事，是因为大多数自助书籍要么忽视了我这类人，要么建议我变成那种有条理的人。我明白那种生活方式有它的好处，但是我这种生活方式和其他方式也有各自的好处。糟糕的策略强迫你去适应它们（比如节食），聪明的策略会主动适应现在的你。这本书介绍的策略就足够灵活，能适应各类人的生活方式。

　　可供选择的依据有三种：行为依据、时间依据和类似"睡觉前完成就行"的灵活依据。如果你是会依靠日程表的人，时间或行为依据的效果会不错。如果你的生活比较随性，不习惯制订计划，你会喜欢灵活依据。虽然这样说，但是什么样的人采取哪种依据效果最好，并没有固定的规则。也许制定日程表的人喜欢在完成每项任务时挤出一点儿时间，完成一个运动微习惯，也许随性的人喜欢用微习惯让生活更有规律一些。这些依据其实都行得通，但是要确保每一个微习惯都有一个依据（除了饮食方面的微习惯，这一点后面会讲到）。

　　行为依据：这种依据是建立在你每天都会做的各种事情上的。举四个利用行为依据的微习惯例子：到办公室后吃一份水果，工作中第一次休息时吃一份生蔬菜，下班回家后喝一杯水，每天上班吃零食的时候每一口至少嚼30下（给运动微习惯设定依据有个好办法，就是每次去完洗手间之后做至少一个俯卧撑或者其他运动。这样你每天会多做几次运动，有些人是可以做到的）。

　　时间依据：如果你习惯制定日程表，把每天安排得满满的，那么时间依据应该效果不错。举三个利用时间依据的微习惯例子：下午3:15吃一份健康的零食，下午6点喝一杯水，晚上7点吃一份水果。

灵活依据（没有依据）：只要是在一天结束之前，什么时候完成微习惯都可以。这种选择很灵活，但是需要提高意识，因为你必须自己选择什么时候去完成，而不是靠已有的依据提醒自己。举四个灵活依据的例子：睡觉前的任何时间吃一份水果，睡觉前的任何时间吃一份蔬菜，任选一顿饭每口食物嚼至少30下，睡觉前的任何时间喝一杯水。

一般来说，只有行动和时间依据能让人养成习惯，但是完成微习惯要做的事太微不足道了，而且很简单，所以不需要特定的依据。我们养成坏习惯从来不需要依据，不是吗？我们随时都能做这些事，因为这些事很简单，而且会带来回报。微习惯与之类似，只不过微习惯是好习惯。

经常吸烟的人吃东西、喝酒和压力大的时候都会吸烟，一个行为有多个依据。同样，选择灵活的微习惯依据以后，你也会让一些事物促使你做出行动，但你不会依赖任何一个依据。依然会有类似依据的事物存在，但你会随心所欲地做出行动。

这样做的好处是力量来源的多样化。如果把一个依据看作一条单独的根，你可以为一个习惯培养一条非常强壮的根，也可以为一个习惯培养多条稍微脆弱的根。每一条单独的根可能都比较脆弱，但从整体上看，有多条根的习惯可能比只有一条根的习惯更加持久。正因为如此，坏习惯很难戒掉，我们没办法找出并规避所有依据，依据太多了，有一些甚至是内心的某种情感（无法规避）。

通过微习惯策略，你可以控制这种力量，去做有益的事。我每天都写作，但不会规定什么时候去写；我几乎每天都运动，但不会制定日程表。下面这张表格显示了三种依据各自的优劣，希望能帮助你做出选择。

优点	依据		
	时间依据 "下午4点整"	行动依据 "早餐后"	灵活依据 "睡觉前任何时间"
灵活随机	1	2	5
不易忘记	5	4	2
快速养成	5	5	1
绝不失败	2	3	4
超额完成	3	3	3
兼容多项	3	4	5
要求	自律，留信号提醒自己	能意识到行为依据	有意识，专注养成微习惯

每种依据的各项优点评分为 1～5，5分代表最好，各项优点的具体解释如下：

"灵活随机" 指你可以自己决定什么时候去完成微习惯。

"不易忘记" 指这种依据能帮你想起要做某件事。时间依据是固定的，也不容易被忘记必须在特定时间完成微习惯。你可以在日历上做记号，或者在手机上设置提醒。灵活依据不是具体、单一的，最容易让人忘记。无论选择哪种依据，你都可以用一些东西来提醒自己。对于灵活依据，可以在枕头上放一支钢笔，提醒自己睡觉前要完成微习惯；对于饮食微习惯，可以在冰箱上贴一张便利贴来提醒自己。

"快速养成" 指你的行为能很快形成神经通路，变成一种习惯。行为和时间依据养成习惯的速度会快一些，大脑只需要识别一种模式。如果你采取灵活的做法，可能会出现多个依据，大脑需要更长时间才能把多种行为模式固定下来，变成习惯。灵活的习惯和我们无意识养成的习惯很像，吸烟的人不会决定每天晚上 11 点吸烟，有很多事能让他们吸烟（多个依据），多个依据让坏习惯很难戒掉，同样，如果好习惯有多个依据，好习惯也会变得更"黏着"，因为靠的不只是一个依据。

"绝不失败" 指每天都能成功完成微习惯，绝对不会失败。时间依据最难让我们做到这一点。如果你下午 2 点没有把事情做完，按规则来说，你就失败了。如果你采用灵活依据，你就有一整天时间让自己成功做完事情，哪怕是在上床睡觉的前一秒。我的意思不是时间依据总是很难让你成功，只是和灵活依据相比，时间依据稍微难一些。

"超额完成" 指你能做比微习惯规定的更多的事，在这方面，每种依据都差不多。

"兼容多项" 指一个依据能被用于多个习惯。任何依据都能很好地支持多个习惯，灵活依据在这方面最强大，因为你可以根据每一天的节奏来安排每天的微习惯。

　　最好的计划就是适合你，而且你也喜欢的计划。我所有的微习惯都采用了灵活依据，因为灵活依据适合我不制定日程表的生活方式。你也许不能立刻找到适合自己的依据，所以不要害怕尝试。你也可以混搭不同的依据，比如，可以制定目标，每天喝至少一杯水（灵活依据），晚餐吃一份蔬菜（行为依据），下午3:15吃一根生胡萝卜（时间依据）。一般来说，最好的做法也许是所有微习惯都用同一种依据，这样最简单，但是话说回来，微习惯策略唯一的"规则"就是选择最适合你的做法。

　　如果你愿意，可以用上面介绍的做法选择最多四个微习惯（每个微习惯还要有一个依据），你也可以选择一套"饮食计划"，用于所有和食物相关的微习惯。

饮食计划

　　下面这些饮食计划采用的都是行为依据（即每顿饭本身），每顿饭有不同的目标。这些策略的理念和我们讨论过的理念一样，都能改变你的生活，但实施办法非常灵活，你一定能找到适合你的。

　　一定记住，只选择一个计划就够了。这些计划是互斥的，不是一张待办清单。计划是为了帮你记住，要在什么时候和怎样完成饮食微习惯。选择了饮食计划后，不要忘了再加上一个运动微习惯，并从上一节的三种依据中选择一个，作为运动微习惯的依据。

1. 饮食升级计划

这是我最喜欢的策略。饮食升级计划就是在吃每顿饭的时候选择一个微习惯"升级"。也就是说，就算你在吃不健康的快餐，也不一定就像你想的那样，一点好处也没有。你可以选择每口食物嚼30下，喝白水而不是饮料，吃东西之前喝一杯水，吃生菜卷而不是汉堡，吃更健康的小食而不是薯条。判断你的做法算不算健康升级，需要以过去的行为作为标准，比如，你原来吃饭的时候就喝白水，这样很好，但此时选择喝白水而不是饮料就不算升级了。

这个计划的好处是，你不需要记录自己做了什么。每顿饭都是一个依据，都会促使你完成一次小的健康升级。你还可以选做的超额任务包括：任何一顿饭都可以多做几次升级；或者来一次大升级，吃一顿完全健康的饭。

采用这个计划，你会养成习惯，每次吃东西的时候都会思考怎样进行健康升级，这也许是对瘦身而言最有价值的习惯。然而，你不太可能形成某个特定的健康习惯，比如饭前喝一杯水、吃某种水果或蔬菜等等，因为每顿饭可能进行的健康升级都不一样。

在旅行的时候，这个计划很有用，因为它十分灵活，而且能让你有意识地关注自己的饮食习惯。

2. 饮食专攻计划

这个计划的目标是一次专攻一顿饭。把你的所有力量集中在一顿饭上，其他两顿饭想怎么吃就怎么吃。如果选择这个计划，最好从早餐开始。所有微习惯，比如吃饭时增加水果或蔬菜、每口食物嚼 30 下、饭前或吃饭时喝水，都只在这顿饭完成。当你发现你已经连续很长时间能在早餐吃健康的食物，能充分咀嚼食物，能喝水，就可以开始改造午餐了。我建议改造早餐阶段最好持续至少两个月，如果太快转向改造午餐（早餐行为还没形成习惯），可能会操之过急。所有节食过的人都知道，欲速则不达。

这个计划叫作"饮食专攻计划"，是因为有一顿饭会成为培养健康生活习惯的入手点。你如果能永久地改变一顿饭的习惯，也能改变其他两顿饭的习惯。虽然这和整体微习惯的机制有些不一样，但也能让你每天进步，打下坚实的基础。从早餐开始是很好的选择，因为你开始一天的方式，会对你度过这一天的方式产生很大的影响。虽然计划是说"想怎么吃就怎么吃"，但在一天开始时吃得很健康，可能会影响你对午餐和晚餐的选择。如果不需要让每顿饭都吃得很健康，你就不会有压力，就能坚持先把早餐吃得健康。

举例：早餐前喝一杯水，早餐吃一份水果或蔬菜，早餐每口食物嚼 30 下，午餐和晚餐随意。也可以试试吃一顿健康的早餐，像全脂酸奶加水果这样的快速做法（几乎和泡麦片一样快，但比麦片更健康），或者有时间做饭的话，可以吃鸡蛋和菠菜。

3. 2×2 饮食计划

这个计划是指每天选两顿饭，然后每顿饭完成两个微习惯：吃一份健康的食物（通常是蔬菜或水果）和进行一次升级（饭前喝一杯水、提高咀嚼次数、吃到八分饱，等等）。

两顿饭完成四个微习惯，再加上运动微习惯，一共五个，超过了我推荐的数量。但我认为有些人可以做到，因为其中两个微习惯只是改进某种行为，不是尝试新的行为（所以应该比大多数微习惯更简单）。如果你发现这个计划很难坚持，那可能是因为五个微习惯太多了。

举例： 早餐喝一杯水，吃一个西柚。晚餐每口食物嚼30下，吃一份沙拉。

不限制每顿饭具体吃什么或进行什么升级是一个很灵活的办法。旅行的时候可以用类似的办法，因为旅行一般对灵活性要求更高。

4. 平飞球计划

这个计划简单好记，其具体内容是，每顿饭都要完成同一个微习惯。比如，吃每顿饭之前都要喝一杯水，或者吃饭的时候只配白水，不喝其他饮料。喝白水而非饮料这一个微习惯就能对体重和健康产生巨大影响。你还可以每顿饭吃一份蔬菜。如果你有最喜欢的蔬菜，也可以每顿饭专吃那种蔬菜（但是可能很难每顿都吃到）。这个计划需要做某个特定的行为，不是很灵活，你也可以选择一个后备微习惯，以防最开始选择的微习惯无法完成（比如餐馆里没有你选择的那种蔬菜）。

举例： 每顿饭只配白水（假设你一天吃三顿饭，那就算完成三个微习惯）。

5. 灵活的微计划

灵活的微计划就是没有饮食计划，无论微习惯是吃一份水果还是进行一次健康升级，你都可以自己选择什么时候做这些事。可以让所有微习惯都在一顿饭内完成，或者某天早餐完成两个，午餐完成一个，或者采用其他安排，甚至也可以在每顿饭之间完成微习惯。吃饭是我们一天中吃东西相对多的时候，如果你选择灵活的微计划，我还是建议你优先考虑在吃每顿饭的时候完成微习惯。

假设你有三个饮食微习惯：一次健康升级，吃一份水果和每口食物嚼 30 下。星期天，你可以吃酸奶加蓝莓、香蕉和草莓，而不是像平时那样吃麦片加牛奶。酸奶是对牛奶的一次"微升级"（益生菌和肠道健康），各种水果让你完成了吃一份水果的微习惯，三个目标中已经完成了两个。你在午餐时可以吃快餐。晚餐吃牛排加土豆，每口食物嚼 30 下（牛排可能得多嚼几下）。这样三个目标就都完成了。成功！

关于饮食计划最后说几句

一次只选一个饮食计划，可以再选一个在旅行的时候用。除了旅行以外，只选一个计划并坚持下去，这样做会改变你的大脑，帮助你养成更好的习惯，让你受益终生。

饮食计划是饮食策略的核心，此外还有运动、零食、冥想等其他微习惯，不要忘了这些！我建议在饮食计划以外再加上一个运动微习惯，可以用行为依据、时间依据或者灵活依据来触发。为了使计划变得简单并达到"健康生活协同作用"，可以考虑把每顿饭作为运动微习惯的依据（比如晚餐前做一个俯卧撑）。我建议在饭前运动，因为刚吃完饭就运动可不是什么让人感觉很舒服的事。

如果你认为这些计划还不够，还在想着节食，那么你就低估了真正的长期改变蕴含的力量。请想一想：只要养成了健康的饮食习惯，你就能毫不费力地吃健康食物，在此基础上变得更健康。许多人低估了这种力量，因为这些计划看起来平平无奇，但其实很有用。节食是行不通的，因为节食让大脑和身体一下子做出的改变太多了。这些计划会让你做出适度的改变，从而悄悄地让你变得更强大。

现在，我们已经介绍过把积极改变融入生活的基本方法，接下来我们再谈一谈你还可能会遇到的一些问题。

记录进步

把取得的进步记录下来很重要，原因有三点：这样做能让你更投入，能每天鼓励你，还能让你知道一段时间以来自己的表现到底怎么样。

下面介绍了一些记录进步的策略，无论选择哪种策略，我都建议你睡前给已经完成的任务打钩。如果过早给一天的任务打钩，你会感觉任务已经完成，不会有太多动力完成超额任务。此外，在睡前打钩也是一个好习惯，这样就不会忘了记录。

大挂历（推荐）

我自己记录微习惯时用的就是这个策略。我在卧室的墙上挂了一个大日历，在旁边的白板上写下微习惯，每天完成微习惯后就在日历上打一个钩。这个办法简单有效。连续几个月这样做之后，每在日历上打一个钩，我依然会感觉很棒。

如果只需要给日期打钩，也可以用一页显示一年所有日期的日历。想省钱的话，可以自己打印日历。在纸质日历上打钩比在电子日历上打钩更能让你直观地看到自己取得的成功。此外，把日历放在经常能看到的显眼位置，会提高你对微习惯、进步和成功的意识，千万不要低估这对你的影响。

如果你没能每天成功完成微习惯，唯一的借口就是你忘了，因为微习惯太简单，不可能做不到。但"忘了"这个借口也很勉强，因为日历就在你眼前，每天睡觉前你都会问自己："我今天完成微习惯了吗？"我要说明一点：微习惯不需要让你一开始就很狂热，因为这样一来，几个月后你很可能热情减退并放弃。微习惯可以是一生的追求。微习惯十分有效，而且十分灵活，简直不可能让人想放弃。

首先，写下自己的微习惯，在完成之后打钩。这对你能否成功**至关重要**。不要跳过任何一步。无论你用什么办法记录完成微习惯的情况，我建议你至少把微习惯写下来，放在一个自己能看到的地方。

手机应用程序

有些人想用手机，虽然我比较喜欢老办法，但手机确实有很多优势。首先，我们随时可以使用手机，因为我们去哪儿都带着手机，甚至去国外度假也带着。其次，手机总在我们视线范围之内，能给我们提醒 —— 有些手机应用程序会提醒你去完成微习惯，或者作为一种依据，让你去做某些事情。

想了解关于最新的手机应用程序的内容，可以访问网站http://minihabits.com/tools/。

关于应用程序最后说几句

你会看到，有些应用程序或网站会推荐一些健康习惯，你可能很想去试一试，但是要克制住这种冲动，除非这些习惯是微习惯（一般都不是），否则不要去试。如果你真的很喜欢某一个习惯，确保在把这个习惯变成微习惯之后再加入自己的计划之中。每天做100个俯卧撑看起来很有趣，但如果你无法坚持，就没那么有趣了。比每天100个俯卧撑更有趣的是定下每天1个俯卧撑的目标，然后连续做200多天，每天都完成这个目标。

掷骰子选择微习惯

接下来介绍的小窍门可以凭你的喜好和微习惯计划任意结合（不采用也完全可以），你甚至可以每天都用这个有趣的办法选择当天要完成的微习惯，一切都取决于你。如果你有选择困难症，你一定会爱上这个办法。

在一张纸或者手机上列出同一类型的6个微习惯（比如饮食微

习惯或运动微习惯），并编上号。比如，你可能会列出 6 个运动微习惯：

    1. 做一个俯卧撑

    2. 做一个仰卧起坐

    3. 做 10 个开合跳

    4. 原地跑 30 秒

    5. 从家门口走到大门口

    6. 跟着一首歌跳舞

确保你每天都能看到这份清单 —— 可以把它放在桌子上，贴在冰箱上或者记在手机应用程序里。准备去完成微习惯的时候，拿一个或两个骰子（或者在手机上掷骰子）。

一个骰子

用一个骰子的话，每天掷一次，然后完成对应点数的微习惯。用上面的清单举例，如果你今天掷出的点数是五，那就从家门口走到大门口。至于超额任务，有两个选择：走得更远一些，或者再掷一次骰子。

要点：一份清单只代表你所有微习惯中的一个，你依然每天只完成了一个微习惯。如果你真的很喜欢这个办法，可以列最多四份清单（代表四个微习惯），然后每份清单掷一次骰子，决定当天要做什么。

两个骰子

用两个骰子的话，可以把清单加长到 12 种活动，然后完成对应点数的微习惯；或者还是 6 个活动，但可以二选一。比如，掷出的点数是 3 和 4，就可以选择是做 10 个开合跳还是原地跑 30 秒。如果两次点数都是 6，那你就必须去跳舞了。

可选项

可以在清单上加一项比较难的活动，比如把 1 换成"跑一公里"，如果掷出点数是 1，那你就得去跑一公里。这不是微习惯，但会让掷骰子变得更刺激，让其他微习惯显得格外简单（这是好事）。

如果加上了一个比较难的挑战，可以考虑给其他任务加一个奖励。比如，可以把 6 换成"自由选择"，掷出的点数是 6，就可以自己选择完成哪个微习惯。也可以保持 6 为跳舞不变，再加上吃一块糖果作为掷出 6 的奖励（访问 minihabits.com，获得更多奖励灵感）。

掷骰子的好处

掷骰子的随机性让完成微习惯变得更有趣，让每天要做的事变得更多样，这两个特点都能让微习惯带给你的体验保持新鲜和愉悦。用这个方法，每天的行为会变得更加多样化（看起来好像不利于养成习惯），但你依然会养成每天帮你在运动和饮食方面取得进步的习惯。你的主要目标是改变对多活动和吃健康食物的态度，这个办法可以帮你做到这一点。

用掷骰子决定你接下来要做什么，实际上再次降低了对做某件事的抗拒心理。掷骰子就像签了一个合同，你同意去做骰子让你做的事，也像和朋友打赌："要是他们输了，我就去'坐水桶'（一个人坐在水桶上，另一个人扔球，如果球击中靶子，水桶上的人就要栽进水里），要是他们赢了，你晚上得请我吃饭。"一般人可能不会主动去"坐水桶"，但如果是和朋友打赌，他们就会照做。掷骰子就像自己和自己打赌玩，不论掷出几点，你都会照做。

最后，掷骰子让你更容易做出决定。你不需要决定去做一些你不太想做的事（比如运动微习惯），只需要决定去掷骰子，然后就能开始行动。

在微习惯计划里加上掷骰子会额外增加一个步骤，一般来说不是件好事，但这个办法能带来好处和乐趣，所以依然值得一试。有些人认为瘦身很累很苦，那么这种"游戏化"的方法正是他们成功瘦身所需的。

微习惯难题全解

如果你在使用微习惯策略的时候遇到困难，看看这一节的内容就够了。

我有抗拒情绪

有抗拒情绪表明，你要做的事让你的潜意识感到不舒服。你可以对照下面的清单，确保自己有正确的态度。

"我的目标真的是微习惯吗？还是我只是假装目标是微习惯，心里却偷偷想做得更多？"你不可能骗过潜意识，所以别白费劲了。目标一定要小，请记住，一次只走一小步。这不代表你不会做得更多，而是说微小、不断积累的进步更有可能让你达到目标，而嘴上说着"我要从小事做起"，心里却偷偷对自己要求更高的行为不会。

"我的微习惯真的够微小吗？"人们尝试微习惯时，最大的问题就是要做的事还不够微小。比如，有人曾跟我说，他觉得一天读10页书很困难。嗯，我的微习惯是一天读2页，只有他的1/5！ 10页书听起来可能不多，但当你状态不好、没有动力的时候，10页书就显得很多了。让微习惯足够微小，这样你就不会抗拒微习惯了。持续性比数量更重要，所以我们从一开始就要保证自己的微习惯真的很微小。

还是有抗拒情绪吗？有一些抗拒情绪没关系，你还有意志力。微习惯都很微小，你的意志力一定足以迫使你去完成微习惯，这也是微习惯策略能让你一直成功的原因。只要意志力足够，你就可以放心依赖意志力，让意志力促使自己完成要做的事。跟着感觉走的效果并不好。在任何领域，最成功的人从来不会只在感觉好的时候做事，无论在生活中遇到多大的困难，他们都会持续行动。对于一般规模的目标，做到这一点说起来容易，做起来难。但对于微习惯目标，就是说起来容易，做起来也容易。你过得怎样和你能不能完成任务并没有太大关系 —— 毕竟不管发生什么，你都可以完成喝一杯水、吃一个苹果、做一个俯卧撑的任务！

只要感到对微习惯有抗拒情绪，就一定要挑战自己，不要因为不想跳一分钟的舞就听之任之。想一想做这件事多么容易，做完之后感觉会有多么好，然后挑战自己，让自己行动起来。你越是经常练习克服最开始的抗拒情绪，让自己更容易完成微习惯，就会越信任微习惯的力量，结果也就越好。

我没能持续完成微习惯

问问自己以下问题。

"我是不是没把微习惯当回事？"我知道，如果你想减掉 100 磅，你会觉得"每口食物嚼 30 下"听起来很傻，有趣的是，速成节食法和瘦身法看似是改变生活的靠谱方法，其实能达成的目标比微习惯能达成的还小。微习惯能永久地改变生活，相比之下，速成瘦身法简直就是个笑话。速成瘦身法的目标是在短期内给身体带去表面上的改变；微习惯的目标更加深刻，是要改变大脑以及你对饮食和运动的看法。人们暂时采用毫无道理、折磨人的速成瘦身法，是因为急于看到成效。如果你能明白持续的、习惯上的改变具有多么强大的力量，你一定会认真对待每天的微习惯。这不代表你不会认为"从家门口走到大门口"很好笑，而是说无论这些微习惯表面上看起来有多傻，你都一定能完成这些事。

"我的微习惯依据适合自己吗?"如果你不知道为什么就是没能完成微习惯,好好看看你选择的依据。如果你选择的是时间或行为依据,也许你需要试试更灵活的依据。如果你选择的是灵活依据,但总是拖延或忘记,也许你需要更有规律的依据(时间或行为依据)。

"我的微习惯是不是太多了?"我知道不管我说什么,有些人读完这本书后还是会一开始就给自己定下10个微习惯(我认为最多不要超过4个)。有一个人曾经告诉我,他每天有20多个微习惯,感觉做起来有点儿难。不难才怪。

微习惯太多,你会感到疲于应付,结果就像所有让你疲于应付的事一样——失败。即便如此,就算只保有4个微习惯,可能还是太多了。就我个人来说,两三个微习惯效果最好,再加上第四个就有点儿困难了。我一开始只有一个微习惯(每天一个俯卧撑),这一个微习惯就彻底改变了我的生活和我对运动的看法。所以,不要认为只有一个微习惯没什么用。如果你不能完成微习惯,考虑放弃其中的一个。

我只能完成部分微习惯,其他的完成不了

完成部分微习惯不算成功。微习惯应该极其简单,就算是在状态最差的时候也能全部完成。如果你发现自己只能完成一部分微习惯,而不是全部,要么放弃不能完成的微习惯,要么去弄清楚为什么这些微习惯做起来很难。前面介绍了很多实施微习惯策略的窍

门，你可以试着用这些窍门调整微习惯计划，看看有没有效果。微习惯的目的是让你每天取得100%成功。你一开始可能做不到这一点，因为你需要慢慢确定适合自己的策略和微习惯的数量。微习惯的一个优点就是可以随时出于任何原因重新制定计划。如果一个计划失败了，5分钟后你就可以"东山再起"。争取100%完成所有微习惯，如果没能做到这一点，就调整微习惯计划，直到取得100%成功。

我从没完成过超额任务，问题出在哪儿

超额任务就是这样——本来就是超额的，所以如果你从来不能超额完成任务，也不需要惊慌。有些习惯比其他习惯需要花更长时间才能固定下来，比如我的阅读微习惯花了很长时间才养成，俯卧撑微习惯形成速度适中，写作微习惯快得像赛马一样。各种微习惯的情况有所不同，但话说回来，你也可以想想下面这个问题。

"我的微习惯是不是太微小了？"这个问题我在《微习惯》里没有提到，因为当时我没意识到它的存在。有一天，一个读者给我发了一封电子邮件，说她30天只写了30个字——每天写一个字。这让我突然意识到：如果微习惯没能让你开始做你要做的事，那么这个微习惯就太微小了。

比如，如果你的目标是多写作，那么一天写一个字就不足以让你开始写作，因为写作至少需要你形成一个想法，或者写出一个有意义的词组，否则你可以写一个"的"，然后就停笔。我的写作微

习惯是每天写 50 个字，写这么多字几乎总能让我想到更多，然后写出更多，从而让我开启写作的过程。50 个字只相当于一段话，不会让我压力太大，所以我从来不会感觉写不出来。

有些微习惯很微小，但足以让人开始做一件事，每天一个俯卧撑就是一个很好的例子。只要你趴在地上，做了一个俯卧撑，你就很有可能多做几个。有些人感觉在开始运动之前必须先穿上运动服，所以他们的微习惯可以是"换上运动服"，或者"换上运动服，然后做一个俯卧撑"，或者"换上运动服，然后开车去健身房"。

有一天，我发现只要我把引体向上杆拿出来放到门上，我就能做引体向上。于是，我的目标不再是做一个引体向上，而是把引体向上杆放到门上。之后，我就慢慢养成做引体向上的习惯了。

无论你的微习惯是什么，注意观察什么行为可以让你开始去做某件事。如果你的微习惯是每天吃一根小胡萝卜，但是吃了一根就再也不吃了，那么试试每天吃两根，看看这样做会不会让你开始吃胡萝卜。理想的微习惯必须既能让抗拒情绪最小化，又能让人开始做该做的事情。

微习惯答疑

我有一天没完成微习惯怎么办

你因为各种原因某一天没能完成微习惯，没什么大不了，真的。关于习惯养成的一项研究发现，中断一天不会影响人们成功养成习惯。唯一的潜在风险在于，你会让一天变成两天（这就是往错误的方向走了）。如果你某天没完成微习惯，不要担心，确保第二天要做的第一件事就是完成微习惯（可以的话，尽早完成）。

微习惯的一个优点就是如果遇到困难，很容易就可以重新开始。连五分钟都不需要，你就可以重新开始完成微习惯，所以你只要坚持，就一定会成功。

我应该奖励自己吗

如果你很了解习惯养成的过程（依据、行为和奖励），你可能认为我应该谈一谈奖励。对微习惯来说，不一定要有奖励。完成目标本身就是一种奖励，这种内在的奖励在完成微习惯时已经有很多了。激励自己做更困难的事也许需要奖励，但微习惯极其简单，不需要任何外部奖励，你就会让自己去完成微习惯。成功完成目标的内在奖励对微习惯而言已经足够。外部奖励的唯一用处就是让你的大脑达到一种即使没有奖励也能去做这件事的状态，也就是说，你不再需要用奖励来激励自己去做某件事了（这也是微习惯策略更优越的原因之一）。就像孙子说过的："胜兵先胜而后求战。"

不去考虑奖励还有一个原因：加上奖励，你就又多了一件要处理的事。微习惯策略正是因为简洁才有力，所以我建议你的微习惯计划越简单越好。即便如此，你也可以奖励自己，犒劳自己，并通过微习惯取得成功。这样做当然也不错，但是不需要把奖励变成一个硬性规定。

我应该保持多少个微习惯

我建议一次最多保持4个微习惯。除了这4个微习惯，你还有很多（可选的）机会让身体更健康、更苗条。不要担心做得不够多。微习惯能为持久改变打下基础，已经比其他方法优越了，此外，你也有很多机会实现短期的进步。

饭吃到一半才想起来要嚼30下，还算完成了微习惯吗

算。吃饭的时候，只有一半食物每口嚼了30下依然是微习惯的做法（你愿意的话，甚至可以把这个标准作为自己的微习惯）。这样做的原因是，任何进步都有价值。记得所有食物每口都嚼30下当然更好，但如果你在尽力做到这一点，那么任何进步都算成功。第二重要（最重要的是持续性）的是对取得的进步保持积极态度。

健康饮食是什么样的

所有健康饮食都有一个共同点 —— 采用加工程度尽可能低的真正的食材。这些饮食不含防腐剂、色素、人工甜味剂、乳化剂、调味剂以及任何其他化学添加剂。有些公司会用这些字眼吸引你的注意力，要小心，不含色素和调味剂并不代表不含其他糟糕的加工物质。健康食物并不常见。

多少水果算一份

对微习惯来说，水果罐头和果酱都不算水果。新鲜水果和鲜切

水果几乎在任何地方都很容易买到，而且水果本身就很可口，很甜（不需要再加糖浆）。至于加了沙拉酱的水果沙拉算不算水果，这取决于你。我建议你不要欺骗自己，你的目标不是"蒙混过关"，不是吃了一袋水果干就算吃了水果，而是要多吃水果！吃四个淋了糖浆的蓝莓或一些蓝莓酱并不算真的完成了目标。

多少蔬菜算一份

最好是生蔬菜，其次是煮的、蒸的、烤的蔬菜。如果你只吃加了很多酱或盐的蔬菜，那你也可以先吃这种。健康的食物加上不健康的酱料，总好过完全不健康的食物。所以，如果你只喜欢加了一堆不健康东西的西蓝花，那就吃吧。

汉堡里那几小片不新鲜的生菜和西红柿，总比什么蔬菜都没有要好，但这不是我们的目标。我建议定下规矩：只有当蔬菜在一顿饭里占的比例最大时，你才算吃了一份蔬菜。比如，虽然薯条本身是土豆，但比起炸薯条用的大量植物油，薯条根本不算蔬菜。

要是想给蔬菜调味，黑胡椒就是一种健康又美味的调味品。类似的调味品还有许多，我经常用有机的万能调味料。健康食物本身就很美味，但考虑到有些食物和有些人的口味，类似的调整也是可以的。

我不喜欢某种健康食物怎么办

不喜欢可以不吃。水果和蔬菜有各种各样的口味、口感和做法，你几乎不可能没有任何喜欢的水果和蔬菜，找到自己喜欢的类型就行了。我最喜欢沙拉、蓝莓、芒果、草莓、西蓝花和菠菜，所以我吃得最多。但这些只是健康食物范畴中的一小部分。我有时候吃花菜，但并不是特别喜欢。我从来不吃香菇。鸡肉比红肉更健康，但我更常吃牛肉加西蓝花，因为我觉得这样的搭配很好吃。请记住，什么事都有一个度，蘸了含大豆油的田园沙拉酱的西蓝花，依然比通心粉加奶酪更健康。

我戒不掉不健康的食物怎么办

我会在下一章讲到面对诱惑的策略。先提前告诉你答案：不要试图用意志力戒掉不健康的饮食。戒掉不健康的饮食不能靠限制，而要靠满足。不健康的食物会给你奖励，你必须从其他地方获得这种奖励。如果完全放弃这种巨大的奖励，你是撑不了多久的。

在慢慢做出改变的同时依然吃一些不健康的食物也是可以的。只着眼于短期效果的人会说，一点儿垃圾食品都不能吃，但这只会让我更想吃一个芝士汉堡。你应该采取"获得满足"的思路去吃更多健康食物，而不是不吃不健康的食物。下一章的策略比这条建议更详细和可行，但是正确的态度也很重要。

我不是很想吃胡萝卜怎么办

刚刚我中断写作，休息了一会儿，去吃了点儿东西。我想着要去吃胡萝卜，但我更想吃一些更实在的东西（比如一顿饭），这让我变得没有那么想吃"仅仅一根胡萝卜"了。我估计这种情况极其常见，因为蔬菜的热量一般都不高。在这种情况下，我一般会放弃胡萝卜，去吃想吃的东西，但这一次，我想象了吃胡萝卜的情形，想象了胡萝卜的味道、口感和充足的水分，于是突然间，我变得更想吃胡萝卜了。最后我下定决心吃胡萝卜，是因为我想到，吃了胡萝卜不代表我不能继续吃其他东西。于是我吃了胡萝卜，而且吃得很开心。过了一会儿，我又想吃饭了，但这时我肚子里已经有一根胡萝卜了。

如果遇到这种情况，你可能会觉得吃胡萝卜"等于没吃"，因为吃不吃你都感到一样饿。事实并非如此。无论能不能满足你的胃口，蔬菜都能给健康带来很大好处。此外，你对饥饿的感觉不会敏感和精确到说"吃了一根胡萝卜之后，我现在的饥饿感和吃胡萝卜之前完全一样"的地步。你测过之前和之后的饥饿感吗？数据是多少？

吃了蔬菜不一定就不能再吃别的，如果还是饿，你可以也应该继续吃东西。如果吃了蔬菜还是感到饿，那就吃点儿别的，即使是不健康的东西。一定要抛弃剥夺自己口腹之欲的节食思维。假如你吃了三根胡萝卜和一份沙拉，然后又吃了一个热狗，按照节食的规则，你的确失败了，但实际上，你取得了巨大的成功。你如果没吃胡萝卜和沙拉，可能会吃两个甚至三个热狗。即使吃进去的蔬菜占据胃的一部分空间，还提供能量，物理学定律也可能神奇地失灵，你依然感到饿。就算是这样，蔬菜也值得一吃，因为蔬菜对健康和瘦身有很多额外的好处。

还有一点很重要：在改变初期，健康食物替换不健康食物的比例不是 1∶1。吃一小份沙拉也许只能满足你 35% 的胃口，如果你想着"吃了沙拉还是饿，要是吃比萨饼肯定就能饱，所以过健康的生活注定要受苦"，那你当然会有不满足感。不对，这种想法大错特错，我都不想把它写在这里。你知道比三块油腻腻的比萨饼更好的是什么吗？是三块油腻腻的比萨饼加一份沙拉。如果你担心吃沙拉会让你摄入额外的热量，那就这样想吧。

吃健康食物的时候，不要过分期待这些食物能满足你的胃口。不要指望一份清淡的沙拉能像一个芝士牛肉三明治那样给你带来热量上的满足。我的沙拉叫"巨无霸"，这名字可不是白叫的。如果你吃了健康的食物还是感到饿，可以多吃一些，或者吃点儿别的，就是这么简单。让身体去调节胃口，饿了就去吃，饱了就停下来。

奶酪会让人长胖吗

我认为不会。真正的奶酪营养丰富，十分健康。你在电影院吃薯片配的奶酪酱不是真正的奶酪，里面可能有奶酪，但更多的是其他东西。如果你吃的是自己做的墨西哥玉米片蘸酱，它比奶酪酱汁更容易让人长胖（前提是，这里说的奶酪是天然的）。

奶酪基本上和牛奶是一类，我们前面讨论过。奶酪称不上"年度瘦身佳品"，但也不像人们以为的那样催肥。和牛奶一样，全脂奶酪是正确的选择。所有科学研究都表明，脱脂牛奶比全脂牛奶更容易让人长胖，更不健康。

如果牛油果（82% 为脂肪）和蓝莓（含糖量高）这样的食物不仅有助于瘦身，还是世界上瘦身效果最好的两种食物 —— 科学研究表明可能确实是这样 —— 那么我们就应该更少关注宏量营养素，更多关注食物整体的品质。各种科学研究都表明，让我们长胖的是加工食品，而不是高脂食品，也不是高糖食品。

大多数情况下，超加工食品没有任何生命，纤维含量低，饱腹感低，可供身体吸收的微量元素少，会引发炎症，热量、脂肪和糖都高。你可以针对其中任何一个方面说："没错！我们长胖就是因为低纤维食物！"所有这些问题都指向弗兰肯斯坦式的食物。这些食物是在实验室中被设计出来的，不过是一种实验成果，而所有实验成果都有可能出错。[吃这些食品不会让我们立刻生病，但会迷惑我们的身体，让我们缺乏营养物质，然后变得更胖，更容易生病。最后，实验失败了。]我们需要回归真正的食物，使之成为我们的首选。

我应该买有机食品吗

看情况。人们看到这个问题时，都在争论应该支持还是反对有机食品，我觉得这种想法很可笑，因为买不买有机食品应该具体问题具体分析。我从来不买有机牛油果，但我总买有机浆果。你知道为什么吗？

总部位于华盛顿的美国环境工作组织（Environmental Working

Group）每年都会测试农产品的农药残留量（有机农产品不使用农药），2016年美国农药残留量最高的15种食物是（从高到低排列）：草莓、苹果、油桃、桃子、西芹、葡萄、樱桃、菠菜、西红柿、彩椒、圣女果、黄瓜、荷兰豆、蓝莓和土豆。这些蔬果可以买有机的，以减少农药摄入量。最不需要买有机的10种食物（因为农药残留量最少）是牛油果、甜玉米、菠萝、包菜、豌豆、洋葱、芦笋、芒果、木瓜、猕猴桃和茄子。美国环境工作组织网站上有完整清单。

还有，由于种植方式不同，有机农产品可能含有更多营养物质。比如，一项关于牛奶的研究发现，与一般牛奶相比，有机牛奶的Omega-6脂肪酸少25%，Omega-3脂肪酸多62%，差别非常明显。考虑到有机食品的价格和每个人不同的预算，知道先买什么非常重要。农产品最需要买有机的，但不一定所有农产品都如此。如果你的食物预算比较少，而且买的又是牛油果，那么你就不应该选择有机的。

对转基因食品的态度

转基因技术是人类折腾食物的又一种手段。我不会深入讨论这个问题，但我会尽可能避开转基因食品，最简单的办法就是买有机食品。转基因食品是一个热门话题，但如果你每天都在吃快餐，那么转基因食品根本不是你需要关心的事（其实，你也可能需要关心这一点，因为快餐中有大量转基因食材）。如果你让自己吃得更健康，那么你的食谱中的转基因食品自然就会更少，也就是说，除非你的饮食结构已经比 95% 的人都更健康，那时转基因食品就不是问题的重点了。

超额挑战

在本书中，我将介绍一个新概念，叫"微挑战"。微挑战像微习惯一样微小，但不是必须完成的，可以视情况而定。微挑战永远都是选做的部分，不属于微习惯计划，目的是让你有机会取得额外的进步。

大多数节食和瘦身方案只会考虑如果严格按计划行事会得到什么效果，于是为我们制定了大量的规则和限制。一个策略要想获得成效，必须小心对待强制性要求（即规则），以让我们拥有自主权，并防止我们因压力过大而崩溃。选做的活动基本上可以不受限制，也不会带来负面影响，因为不做这些活动并不会伤害人们的自信心，也不会破坏连续成功的纪录。

明白这种方法有多妙了吗？想象一下你应用这种策略度过的典型的一天。你并不因为自己目前的状态和理想差距太大而感到很有压力，而是准备完成一些很简单的微习惯，外加很多体量小但作用大的微挑战，做不做后者全看你想不想。这些挑战不是任务，而是机会。任务是沉重的负担，而机会却让人感到轻松、充满吸引力。

选做的微挑战（以及微习惯）能让你在安全的环境下体验健康生活。与之相对，尝试过节食的人也体验过健康生活，却是在受到严格控制、为追求结果而不得不忍受痛苦的环境下体验的。不幸的是，这也是人们对健康生活最普遍的看法。羞耻、节食失败的回忆以及其他情感负担重重地压在健康生活上，因此健康生活从来都不是有趣的。如果你能自由地体验健康生活，且没有这些负担，健康生活也可以很有趣。扔掉已有的观念，开始实验，你会惊喜地发现这种体验是多么令人愉悦。

下面这些微挑战有一个共同理念：再小的活动量都值得去做。

电视挑战：看电视之前运动或活动20秒（开合跳、俯卧撑、原地跑、跳跳舞，等等）。记不住？可以在电视机或遥控器上做个记号，或者贴张便利贴，提醒你要做什么。如果你觉得20秒没什么价值，我建议你现在就去试着快速扭动身体20秒，看看会有什么感觉。

20秒的确很短，但你在活动的时候就会感觉时间变长了。然后，加速的心跳会让你明白，这20秒是不是真的"没什么价值"。我认为20秒的时长对微挑战来说很合适，刚开始就差不多要结束，而且持续的时间也不会过短，既能减少抗拒情绪，又有很好的效果。减少抗拒情绪加上取得好效果，能有效地让人坚持做任何事情（坏习惯也是这样养成的）。

超额电视挑战：每看30分钟电视，就起身活动20秒。我推荐用跳舞来吓一吓你的家人。如果你能做到在和家人一起看电视的时候突然站起来开始跳舞，而且不告诉他们为什么，那咱俩就是一辈子的好朋友。

电视广告挑战：看电视的时候一有广告就起身活动一下。你甚至不用真的去"运动"，只要站起来四处转转就行了，反正广告也很无聊。可以在家里一圈一圈地走，也可以收拾一下家里的某个地方，这样做能防止你在看电视的时候新陈代谢降低，而且一边放松一边做一些对身体好的事也挺不错的。等广告结束了，你可以继续看电视来"奖励"自己，这种感觉非常好。这个挑战很微小，听起来有点儿傻，但是在瞧不起它之前，请先试着做一做，你会感觉非常棒。

用不健康的食物"奖励"健康生活并不好，但是用休闲和娱乐"奖励"健康生活就很好。休闲和娱乐没有坏处，是健康生活的一个重要组成部分，也是努力工作后应得的。人们经常因为看电视太久而感到羞耻，那是因为他们在看电视的时候什么都没做，而且一看就是很长时间。在休闲的时候增加运动量，你就会因为协同作用而获得很多好处。没有"懒散的羞耻感"困扰你，你会更享受休闲时光。

楼梯挑战：只要可以，就走楼梯。要为不坐电梯而感到骄傲。在我住的公寓楼里，我是唯一住在 7 层还走楼梯的人。要想获得不同的结果，必须有和其他人不同的生活和思考方式，走楼梯就是其中之一。

注意，不要有要么不走楼梯，要么全程走楼梯的想法。你如果要去18层，可以走楼梯到3层，然后坐电梯。也可以坐电梯，然后在电梯里原地跑（特别是电梯里有其他人的时候，一定要这样做）。如果有多段电梯和楼梯，可以先走楼梯，再坐电梯。没有固定的规则。人们并不会说："看，她刚刚走楼梯，然后又去坐电梯了！太善变了！太奇怪了！"

停车挑战：把车停在离商店最远的地方。要走的路并不会长多少，你也不用像其他人一样花更长时间找"最好的停车位"。告诉你一个秘密：最好的停车位就是离商店最远的，因为你可以好好散步，好好享受好天气，压力最小，感觉最好。

走路或自行车挑战：你可以步行或者骑自行车去某个地方，而不是开车。试试吧。我常常惊喜地发现，步行的体验其实非常舒服。

WEIGHT
LOSS

第 9 章

情境策略

规则可破，策略永存。

每个人都有自己的计划，直到被别人一拳砸在脸上。

——美国拳王迈克·泰森（Mike Tyson）

策略简介

节食者严格遵守什么能吃什么不能吃的规则，但他们总会在现实生活中遇到各种状况，而且这些状况时有发生。类似的规则可以被打破，但策略是永远留存的。

下面介绍的策略不是必须遵守的规则，而是你可以随时选择的因地、因时制宜的态度和行为。是否用策略和什么时候用都取决于你，所有这些策略都能引导你做出正确的决定。因为你不是必须使用这些策略，所以你就算偶然吃了一根冰激凌，也不会感觉自己"把事情搞砸了"。

我们在前几章讨论的微习惯计划是核心部分，是"主菜"，接下来介绍的策略是我强烈推荐，但可以选做的"配菜"。这种理念反映了健康生活的本质：主导健康生活的首先是习惯，其次是我们的态度和每天做出的非习惯性选择。

应用比理论更重要。因此，我在下面列举了你会遇到的很多比较麻烦的实际情境，每种情境都配有策略，以帮助你做出更多正确的选择。

面对诱惑的策略：微挑战清单

你有了一个计划，很好，然后你突然特别想吃七块曲奇饼干……糟糕！你该怎么办？最坏的做法就是直接抵抗这种渴望，让自己产生不满足感。

渴望是不可多得的进步良机，知道为什么吗？因为渴望背后有强大的动力，而我们可以利用这种动力。为了达到目标，数不清的人想获得动力。现在我们就有动力，动力还很强，但这种动力是吃曲奇饼干，和我们的目标不一致，所以应该怎样让动力为我们所用呢？

我接下来要告诉你的方法曾经给我带来了巨大的好处。我有一个不太光彩的习惯，就是沉迷于电子游戏。有很多次，我连着玩游戏的小时数达到了两位数（我告诉过你我很懒）。在很想玩游戏的时候，我常常想起之前玩游戏的情况，然后告诉自己"我不应该玩游戏"，或者"我不应该玩太多游戏"。（是不是很像你想吃东西的时候？）这种想法由羞耻感主导，让我们感到失落，从而让事情变得更糟。

我找到了一个比羞耻更好的策略。假设我的主要目标是少玩游戏、多做正事，为了达到这个目标，在面对诱惑的时候，我会在自己和游戏之间设置一个障碍，让自己做一件很小、没什么压力、有益的事情。我做这件事的条件就是我能在玩游戏时摆脱羞耻感。很多时候，这个策略让我一连做了好几个小时的正事，没有玩一分钟的游戏。其他时候，我做了一些正事，也玩了一会儿游戏，最后对两方面都很满意。无论是哪种情况，我都赢了。现在，让我们来谈一谈面对不健康食物的诱惑时，这个策略能怎样帮助你。除了前面的微习惯策略，这个策略可能是本书中最妙的了。

怎样成为机会主义渴望者而非受害者

典型的渴望者是什么样的？他们抵抗渴望，直到屈服于渴望。他们斗争，筋疲力尽，失败，然后吃下想吃的东西，就好像成了渴望的受害者。然后，他们因为和渴望斗争失败了而感到难受。如果这些"受害者"不仅能保护自己免受渴望的攻击，还能主动进攻，会怎么样？我们将彻底改变游戏规则，再也不会用以前的眼光看待渴望了。

首先问自己一个深刻的问题，吃一包不健康的零食和因为吃了一包不健康的零食而感到羞耻，哪个对你长期瘦身而言更不利？哪个会慢慢地让你的体重增加？先把这个问题放在心里，我们现在来谈一谈渴望。

把渴望想象成一块磁铁，吸引着你一步一步走向它。你可以抵抗一段时间，但只要放松警惕，就会向它冲去。我们的策略是在你和渴望之间设置一些微小的障碍，从而利用渴望。我们不是要消灭渴望。但在介绍这些微小的障碍之前，我们必须先有正确的态度。

通过完成这些微小的挑战，你实际上离曲奇饼干（或者任何其他东西）越来越近了。不过，有一点很重要，曲奇饼干不是你"赢来的"。你做这些挑战，并不是为了给自己"买到"吃不健康食物的权利。用健康的行为"买到"不健康食物的概念，代表"两者可以互相抵消""价值一样""做一点儿好事能弥补一些罪恶"等错误观点。你买的不是曲奇饼干，而是"摆脱羞耻感"的权利。完成了微挑战，你就会和自己达成和解，吃不健康食物的时候不会再感到羞耻。（如果还是有羞耻感，你应该为自己感到羞耻！开个玩笑，这样做没什么好处。你现在应该已经明白了。如果感到羞耻，提醒自己你已经和自己达成了和解。）完成了这次障碍挑战之后，允许自己没有羞耻感地吃想吃的东西吧。

你可能会想，直接去吃想吃的东西就行了，为什么还要完成这些微挑战呢？我欣赏你的想法，对一切提出质疑是一种好品质。这种策略特别好，很多时候你会欣然选择微挑战。为什么？因为微挑战和"直接吃曲奇饼干"不一样，完成微挑战不会带来任何羞耻感，同时你还能吃到想吃的东西。也是出于同样的原因，我喜欢在玩游戏之前工作——无论工作之后我玩不玩游戏。决定做一些积极的事让我感觉很好，而之后玩游戏也不会让我感觉很糟。

直接抵抗对食物的渴望只是徒劳，还会留有后患。今天成功抵抗渴望代表明天你会更不坚定，明天成功抵抗渴望代表后天你会更容易动摇。直接抵抗是我们面对诱惑时最普遍的选择，但三个原因让它必败无疑。第一，直接抵抗渴望会让你感到极其不满足，如果有别的选择，没有多少人能长时间忍受这种失落。第二，直接抵抗会让你更关注诱惑，"我一定不能吃巧克力"只会让你一直想着巧克力，在消耗意志力的同时增强诱惑的力量。第三，当你屈服于诱惑，你会感到羞耻。我们想做"正确的事"，却做了错误的事时，就会有这种感受。第三个原因也体现了为什么你"赢来的"不是想吃的东西，而是"摆脱羞耻感"的通行证。

我们要做的不是和渴望厮杀，抵抗它。在某个时间能否抵抗渴望并不重要，因为意志力之战不会就此结束。就算你早上打赢了曲奇饼干之战，你也可能在中午的芝士汉堡战役中变得更不坚定，或者在晚上的芝士蛋糕厮杀中变得更力不从心。你也许可以抵抗一小时，之后就会缴械投降。你也许可以抵抗几天或者几个星期，然后在第37天开始暴饮暴食。诱惑是永远存在的威胁，所以策略至关重要，直接抵抗只会起反作用。微挑战策略能一直提升你打败诱惑的概率，同时不会让意志力消耗殆尽，不会让你感到巨大的失落。你可以一天使用这个策略很多次，没有问题，因为就算你向诱惑投降了，对这个过程的体验也会让你变得更强大。

总结一下正确的态度：完全允许自己吃想吃的东西，不要感到羞耻，不要感到后悔，不要对自己有任何指责，前提是你能完成我接下来列出的前两个挑战。这样做会把你吃东西的动力变成完成这些微挑战的强大动力，因为只要完成这些小小的、简单的挑战，你就能保证自己摆脱羞耻感。表面上看，这样做好像在允许自己长胖，允许自己失败：你是说只要做了这些简单的小事，我就能心安理得地吃垃圾食品？你疯了吧！

现在，我们遇到了一个和自己想象中不一样的心理学事实。虽然毫无羞耻感地吃曲奇饼干会让你很想吃下所有曲奇饼干，但是摆脱羞耻感对健康饮食和瘦身的好处更大。

我们来总结一下。让一个动力点（吃想吃的东西）变得更强大的激励机制（没有羞耻感地吃想吃的东西），能极大地帮助你减少羞耻感（立即减少），同时激励你完成有益的微挑战，最终让你变得有时候根本不想吃不健康的东西。你最后可能会吃，也可能不会吃，但这不是衡量胜利的标准。衡量胜利的标准是你变得更坚定了还是更容易动摇了。至于我前面问的问题——吃不健康的东西，甚至一次吃很多东西——都只是一时的，而由此产生的羞耻感却会滋长并持续多年。你觉得哪一个威胁更大？

微挑战策略不仅会提高你的意识，增强你的意志力和自制力，更会增强你的力量，而不是让你崩溃。重要的不是单独的事件，而是你会成为什么样的人。你可以在向渴望"投降"的同时，依然在改变行为方面取得极大的进步。

看到这个策略有多么强大了吗？看到这个策略和"肥胖羞辱"、饥饿和暴食的循环、僵化的节食规则之间的不同了吗？这就是真正的策略带来的不一样的豁然开朗感。这个策略比世界上最高明的医生给你列出的瘦身食物清单更高明。

还有一个因素要考虑。面对诱惑并决定完成挑战时，我建议你尽可能多用这个策略（因为是双赢），并一定让自己先完成清单中的前两个挑战。你会看到，清单里的挑战不止两个，因为你可以选择多设置几个障碍，一切都取决于你。这个策略和微习惯策略一样，门槛极低，上不封顶。

如果感觉这些挑战不足以让你没有羞耻感地吃不健康的东西，怎么办？首先，恭喜你终于找到了正确的敌人。食物不是问题所在，自我毁灭的行为才是，而羞耻感就是这种行为的核心。但我必须提醒你，羞耻感永远不应该被和吃东西联系起来，因为食物并不带有道德色彩，只不过不同的食物会对身体产生不同的影响。此外，如果觉得必要，可以多做几次挑战，或者完成其他挑战。无论你决定做什么，目标一定是让自己摆脱羞耻感。

下面列出了一些挑战，之前我把这些挑战叫作障碍，因为这些挑战会阻碍你从 A 到 B，但我们也可以更积极地把这些障碍看作挑战。

抵抗诱惑的微挑战清单

下面这些微挑战的排序是我思考后才得出的，但不同的顺序可能更适合你。我把冥想放在第一个，是因为冥想能让思维慢下来，并增强意识，延迟行动，平复情绪。冥想适用于很多需要抵抗食欲的情境。接下来，你可以使用的策略有：以替代品来满足生物渴望，多运动以激发"健康生活"动力，勤喝水（人们常常把渴和饿弄混），尝试延迟满足一小段时间，做一件别的事，"收买自己"，散步，以及最后一点——协商吃多少东西。下面，我用曲奇饼干的例子做更详细的介绍。

1. 冥想一分钟。这样做能让你很好地理清思绪，让思考慢下来。可以把冥想看作对吃曲奇饼干的延迟：好的，我可以去吃曲奇饼干，但是首先，我要冥想一分钟。这个小小的延迟（加上冥想的效果）可能就足以让渴望消失。

找个安静的地方坐一会儿。如果是在参加派对，就去外面找个安静的地方，或者去洗手间。只需要专注于自己的呼吸一分钟，不要抵抗任何想法和渴望，像一个旁观者一样观察自己的想法就行了。你可以在网上搜"一分钟冥想"，有很多教学视频。为什么这是我介绍的第一个微挑战？因为冥想能立刻减轻你的压力，还能改善情绪，增强意识。冥想是对付诱惑的利器，你要是认为一分钟不够，现在就去试试，看看效果怎么样。

不要骗自己。要尽最大努力专注于自己的呼吸。如果你的思绪飘到想吃的东西或者其他事情上——这种情况很有可能发生——那就再把思绪拉回到呼吸上。我在前面说过，现在再重复一遍，就算冥想的时候你的注意力常常不集中，冥想对你依然是有好处的。就像做所有其他事情一样，练习冥想是为了能更好地进行冥想，不是为了第一次就做到完美。

2. 用更健康的东西替代你渴望的东西。就算你渴望的是饮料，我也推荐你喝点儿更健康的东西。如果手边没有健康的东西可以吃，那就把第三个微挑战提上来做第二个。

3. 做一个俯卧撑或一个仰卧起坐，或者跳一分钟舞，或者原地跑一分钟，或者做15个开合跳。最好现在就选出你最喜欢的微运动，而不是到时候再决定。只要能多活动就行。多活动能增强你对健康生活的意识，激励你养成健康的生活方式，甚至还有可能促使你真的去运动。和微习惯一样，鼓励自己多做几个微运动。

想想自己什么时候会吃零食，可能是在放松、看电视或感觉有点儿懒散的时候。刚做完俯卧撑（或者你选择的其他任何活动）时，你可很难感到懒散！活动一小会儿能让你以更好的状态抵御诱惑，或者不再渴望吃不健康的食物。

4. 喝一杯水。我们常常把渴当成饿，这时，喝一杯水就能解决问题！

5. 延迟满足10分钟。这是一种很好的意志力策略。延迟做某件事比完全抵抗做某件事所需的意志力更少，而且延迟还会降低诱惑的力量。凯利·麦格尼格尔（Kelly McGonigal）在《自控力》（The Willpower Instinct）一书中写道："当大脑权衡等待10分钟才能得到的曲奇饼干和更长远的奖励（比如瘦身）时，它就不会表现出明显的偏好，不会去选择能更快得到的奖励。是'即时满足感'中的'即时'二字劫持了你的大脑，扭转了你的偏好。"

6. 做一件别的小事分散注意力。最好在受到诱惑之前就想好可以做什么。

7. 给自己其他回报，也就是"收买自己"。可以是看电视而不是吃玉米片，可以是买下那件一直想买的T恤而不是冰激凌。只要是不会让你长胖的非食物回报就行。

8. 散散步。直接走出家门，去外面转转。散步很有意思，当然我默认你住的地方很安全。

9. 散步的感觉怎么样？如果你一直做到第9个微挑战，你已经大获全胜了！要是你还想吃东西，而且这些挑战完成得都很顺利，让你很振奋，很想再做一个，那就和自己商量一下可以吃多少东西，或者改天再吃，同时保持无羞耻感（不要无意识地沉溺其中）和心情愉快（不要苛求自己）之间的平衡。

以上就是面对诱惑的微挑战清单。如果想改变这些挑战的顺序，请随意。其中有一些可能比其他的对你效果更好，不要等到面对诱惑才去决定完成这份清单的顺序，因为做决定会消耗意志力，而我们需要储备一些意志力（尤其是在面对诱惑的时候）。

根据具体情况，你可以随时进行调整。如果你平时的顺序和我提供的一样，但是某一次获得另一种回报（也就是第7个微挑战）很方便，那就直接完成第7个。即便如此，持续相同的实践依然有很多好处，因为同一个行为做得越多，你就越习惯采用它来抵抗诱惑。因此我推荐你确定一种固定的顺序，同时根据具体情况进行调整。

面对渴望的例子

现在是晚上11:34，你坐在沙发上，突然开始想："天啊！我现在就要吃冰激凌！"这就是渴望。放松，不要把渴望变成让人压力很大的"节食决定"，不要害怕向渴望投降，尽量冷静地应对渴望。

首先要认识到，羞耻感才是真正的敌人，而且你可以允许自己接受两个微挑战，然后就可以没有羞耻感地吃冰激凌了。以前，你希望完全掌控一切，于是制定严格的规则，然后又违反了规则。现在，你在慢慢改变"要么不吃，要么暴食"的做法，开始冷静地做出决定。

1.冥想一分钟。

2.吃健康的东西作为替代（如果没有健康的食物，就跳到第三个微挑战）。

3.做一个俯卧撑（或者其他微运动）。

4.可以给自己更多微挑战，也可以直接去吃冰激凌，想吃多少吃多少。你可以去吃冰激凌，而且没有人会阻止你，但是吃的时候不要停止思考。带着意识去吃，去享受冰激凌，想想你真正想吃多少冰激凌，同时考虑到所有因素（包括增加的肥肉）。

根据边际效用递减法则，我们会觉得第一块比萨饼比第五块更好吃。无论是吃什么山珍海味，这都是一句真理，所以在吃东西时保持清醒和理智很重要。我们有可能吃了不健康的东西也并不感觉多开心，因为我们吃的时候浑浑噩噩，没有意识。无论什么时候吃东西，都要有意识地去吃。

要吃就好好吃

有时候你完成了上面的微挑战（或者没完成），最后还是吃了洋葱圈、快餐，喝了碳酸饮料，没关系，你毕竟是人。遇到这种情况，千万不要用"瘦身食品"欺骗自己和身体。

永远、永远不要吃瘦身食品。吃瘦身食品不仅会让你长胖——因为长胖是新陈代谢问题，而比起真正的糖，瘦身食品会对新陈代

谢造成更大的伤害 —— 还会对瘦身造成最大的负面心理影响。

最经典的画面就是人们心安理得地吃烘焙薯片，一瓶接一瓶地喝无糖碳酸饮料（反正没有热量），大口大口地灌下脱脂牛奶，好像奶牛都灭绝了。号称"瘦身"的食品让你以为吃这种东西不会长胖，或者比吃普通食品体重增加得更少。这不是在弱化羞耻感，而是在弱化真相！这种错误的想法已经很糟了，更糟的是你会不由自主地想比平时多吃一些，因为你觉得这种食品是"瘦身"食品。

如果要吃不健康的食物，请确保这些食物里含大量真正的脂肪和真正的糖。首先，这样的食物更好吃，能带来生理上的满足感，因为身体能处理这些物质。其次，你会对自己做出的决定有更清醒的意识。这和用现金支付而不刷信用卡是一个道理 —— 把钞票递给收银员比刷一下塑料卡片就花掉几百美元更能让你感受到失去的痛。同样，当你吃了一大口三层巧克力圣代，你会感受到体重在增加！但你不会感受到羞耻，因为你提前注意应对羞耻感了。把这些食物和体重联系起来是好事，因为即使食物里全是人工添加剂，或者贴着"低脂""瘦身"的标签，它们依然会让你长胖。

我鼓励你这样做，不是为了让你感觉吃不健康的东西很不好，而是希望你明白，如果整天吃蛋糕，就不可能有捷径瘦身。真正的食物能修复新陈代谢系统，因为它们能降低炎症水平，激发恰当的回报和满足感，给身体时间，让身体从以前吃弗兰肯斯坦式食物造成的伤害中慢慢恢复。

面对诱惑的心态：停止自我斗争

虽然这本书里介绍了很多很好的策略，但如果你对饮食和运动习惯的看法依然是"我必须使出吃奶的劲才能做到吃健康食物、做有益身体的事"，你依然会自己毁掉自己。这种想法听起来好像没什么错，但是对目前的饮食和运动习惯采取斗争的态度，就是在对潜意识宣战。这可是一着臭棋。有些人在实践微习惯策略时遇到很大困难，就是因为他们实际上还没有抛弃旧的思维方式。

本书介绍的微习惯和可选策略都有随意性。微习惯的优点就是不会引发任何内心斗争，不会威胁到现有的生活方式。微习惯就像一辆出租车，不管你在哪儿，它都会毫无怨言地让你上车，然后带你前往一个新地方。

理解下面的内容至关重要，如果有需要，可以重新读一遍。如果你对完成微习惯或微挑战有抗拒心理，那是因为你在以错误的方式抵抗，因为你太想做"正确的事"了。

面对诱惑，你的第一反应不应该是"天啊，我该怎么消除渴望?"，就算你之后的办法很聪明，直接抵抗诱惑的第一态度也已经让你处于很大的劣势中。

我要把这句重要的话写三遍。

你越努力抵抗诱惑，就越不想做正确的事。

你越努力抵抗诱惑，就越不想做正确的事。

你越努力抵抗诱惑，就越不想做正确的事。

抵抗"错误的事"会惹毛你的潜意识（因为潜意识就想做错误的事），之后，对于做一个俯卧撑或喝一杯水这样简单的事，你也会产生逆反心理。没有其他因素干扰时，这些事简单得可笑，一旦你把这些事看作"找乐子"的绊脚石，这些事就会变得只比人们常常没法达到的宏伟目标容易那么一点点了。

对"速成法"的盲信是成功养成微习惯最大的阻碍，我们应该通过自由、自我接受、有策略的持续行动来改变行为。描写心理活动也许更容易传达正确的态度。

好的想法：这些曲奇饼干看起来很好吃，我想吃一块。我知道这些饼干会让我长胖，那我就先完成两个微挑战，然后再吃。

不好的想法：这些曲奇饼干看起来很好吃，我想吃一块。啊，我现在不能吃！我不应该吃！我真的很想瘦一点儿，但这些饼干看起来太棒了！我现在得想想办法！什么策略能阻止我吃饼干？

看到第一个反应多么冷静、随意、温和了吗？看到第二个反应多么急躁、充满防御性、失控了吗？第一个反应的效果好，因为不会造成"不是你死就是我亡"的局面，而且不会给你太大压力，没有让你立刻改变自己。第一个反应能让你"喘口气"。

另一个不好的想法：我要用这个微挑战来打败渴望。

微习惯的"最终目标"就是完成微习惯，仅此而已。你不能指望微习惯帮你抵抗诱惑，让你长时间做运动，或者让你在某一天爱上吃四季豆，但可以指望微习惯逐渐让你在以上所有方面取得进步，这样说有没有道理？指望微习惯满足你一时的愿望，你的目标就不再是完成微习惯，而是完成当时的具体愿望了。要避免出现这种情况，就不能只盯着独立事件和结果，而是要专注于持续做出微小的行为。对于瘦身，每次战役都很重要，但是没有任何一次战役能彻底扭转战局。不要害怕某一次战役失败，而要害怕某一次战役让你乱了阵脚，从而让整场战争一败涂地（又回到那个问题了：吃一块曲奇饼干和因为吃了一块曲奇饼干而感到羞耻，哪一个更糟？）。

我知道你真的很想做出改变，我知道你真的很想摆脱那些阻碍你变得健康、苗条的坏习惯。把这种强烈的意念用在掌握微习惯策略上，你就会收获真正的进步，而不是一般的"节食瘦身过山车"——10天瘦了10磅，然后接下来的60天又胖了15磅。

蛋糕中的情感螺旋

对美食的渴望是情感上的，很大程度上由情感驱动。为享受美食而吃的行为会引发回报信号，这些信号由化学物质传递。我们为填饱肚子而吃时，是无法接收到这种信号的。

知道了食物的诱惑由情感驱动后，请想一想：抵抗食物诱惑的高尚行为会怎样影响你的情感状态？它会加剧意识和潜意识渴望之间的矛盾，这种内在的矛盾会放大整体情感状态，从而加剧放纵自我的潜意识渴望。

1. 看到蛋糕。

2. 想吃蛋糕。

3. 想到要瘦身，抗拒蛋糕。

4. 挣扎纠结，刻意抗拒蛋糕（反而让蛋糕在你脑中的存在感越来越强）。

5. 感到压力极大，筋疲力尽，因为做出这个艰难的决定而消耗了所有意志力。

6. 咦，吃点蛋糕说不定可以分散我的注意力！

7. 你吃了第一口蛋糕，甜美的味道给了大脑回报，让你立刻感到舒服、放松。但不一会儿，你的内心充满新的压力和羞耻感。进行了如此艰苦的斗争，结果还是输掉了这场战役，你现在比之前感觉更糟了。

8. 你感到压力更大、更羞耻，同时对蛋糕的渴望变得更强烈。既然已经输了，那就破罐破摔，于是你开始大口大口地吃蛋糕，假装自己不在乎，只是因为不知道怎样面对再次输掉的痛苦和这个行为对未来的影响。

你体验过这样的过程吗？现在你明白为什么我们要用不同的方法了吗？

渴望吃东西的时候，你有一瞬间来决定做出什么样的反应。如果是急躁的"不！我不能吃！"，那你可能会失败。反之，你可以做一下深呼吸，慢慢来，决定冷静对待，想想这本书里介绍的各种策略。如果你想试一试面对诱惑的策略，那就这样做吧。如果不想，也没关系。

超市购物策略

你买什么，就会吃什么。

超市决定了居家饮食之战的输赢。你买的食物营造了你家里的饮食环境，而不利于完成目标的环境是很难对付的。

你如果只买健康的食物，就能立刻轻松解决在家吃不健康零食的问题。我知道，家里有人不和你一起这样做的时候，情况会变得复杂，如果是这样，或许你可以让他们把他们不健康的零食藏起来，不要让你看见。

去超市购物的时候，我建议你这样做：像平时一样买东西，等到要结账的时候，拿出不健康的食物，换成健康的食物。为什么要这样？因为嘱咐你至少买一种蔬菜或一个水果有点儿奇怪，除非你的饮食习惯极差，否则你一般都会买一些水果和蔬菜的，那么"至少买一种蔬菜或一个水果"对你来说就等于没说。用健康的东西换掉平时买的不健康的东西，能立刻给你带来双重好处。

和微习惯策略一样，你可以多换掉一些不健康的东西，但开始时只争取换掉一种东西就行了。下面举一些例子：

- 把糖果换成无糖或低糖的黑巧克力
- 把冰激凌换成香蕉（把香蕉放进冰箱冷冻，吃起来和冰激凌很像）或其他水果
- 把普通意大利面换成南瓜或全麦意大利面
- 把意面酱换成橄榄油、青酱和帕尔玛干酪

- 把白面包换成全谷物面包（最好是面包上有谷物颗粒的那种）

- 把碳酸饮料换成苏打水或矿泉水，以及100% 果汁（在水里加一点点果汁调味即可）

- 把蔬菜蘸酱换成鹰嘴豆泥或牛油果酱（能自己做蘸酱就更好了！）

- 把沙拉酱换成橄榄油和意大利香醋

- 把牛奶泡麦片换成酸奶拌水果或什锦麦片（granola）[①] 也行，后者比普通麦片（cereal）好一些，但很难找到不含添加糖的什锦麦片。粗燕麦（steel-cut oats）和燕麦片（rolled oats）也很好，前者更胜一筹。不要买含大量糖的速食燕麦片

- 把肉换成鱼

- 把加工零食换成新鲜胡萝卜、西芹、水萝卜、圣女果、西蓝花、坚果等（当作零食）

如果你真的只买加工食品，那么至少可以买一种新鲜或冷冻蔬菜（买的时候想好要怎么吃，不要买了整个南瓜，放在柜子里直到烂掉……不要把蔬菜放在柜子里）。

健康食物的价格

人们认为健康的食物更贵，真的吗？说实话，健康食物是贵一些。一个关于食物价格的元分析整合了10 个国家的 27 项研究，发

---

① 经过烘烤，保留谷物外形，添加坚果和蜂蜜的麦片。——编者注

现比起吃不健康食物，吃健康食物会让每人每天多花1.5美元，也就是一个月多花45美元，一年多花547美元，用来对健康、体重、优质生活进行积极的投资。吃健康的食物、好好照顾自己的身体能让你少在医院花钱，其实就是在帮你省钱，这种话我们都听过无数次，但这确实是真的。长期来看，吃健康食物的花销比吃不健康食物的花销确实更少。

许多美国人每天会花5美元买咖啡和其他非必需的食物和饮料。其实1.5美元和餐馆里一瓶碳酸饮料的价格差不多，而低收入者比其他人喝的饮料都多。只要把健康食物放在第一位，大多数人都买得起健康食物。

居家饮食策略

让健康的食物触手可及是让你在家里吃得更健康的最佳办法。能不能方便地获取健康的食物，对你是否愿意吃得健康有重大影响。买健康的食物不能彻底解决问题，因为你可以买来健康的食物，然后去吃别的东西，让这些食物放在家里烂掉。想让自己在家里吃得健康，可以做下面三件事。

1. **计划好怎样吃**。买西蓝花的时候，就应该想好要怎么吃。想法要详细。煮着吃，炒着吃，和其他东西一起炖着吃，还是生吃？生吃要蘸酱吗？还是放在冰箱里当零食，想吃的时候拿出来吃几块？还是做成沙拉？不需要决定西蓝花的确切用途，但要想好至少一两种吃法。提前规划吃法会产生巨大的影响，还会促使你一并买下需要的配料。如果你想吃西蓝花沙拉，但家里又没有生菜搭配，那你就不太可能会去吃西蓝花了。

2. 掌握速度更快的烹饪方法。你要是像我一样懒，可能不喜欢花很长时间做一顿大餐。其实有很多方法能让你很快做出一顿健康的饭。我最喜欢的方法之一就是炒蔬菜和肉，最多只用20～30分钟，然后把所有厨具和餐具扔进洗碗机就行了。就这么简单。电饭煲和慢炖锅花的时间长一点，但是准备起来只要一分钟就够了！

沙拉是一种很健康的食物，做起来也很快，因为不需要做熟。有时候我会用生菜、一些其他蔬菜、橄榄油、醋、辣椒、万能调味料和奶酪做简单的沙拉，有时候我会用超过15种食材做一份"巨无霸沙拉"。最简单的做法就是一开始就切很多蔬菜，比如一整袋水萝卜、一整根西芹、几根胡萝卜、一个彩椒、几个西红柿，然后用其中一部分做成沙拉，剩下的装进保鲜袋或保鲜盒，放进冰箱，大概能放三四天。想吃沙拉的时候，就拿出一些放进碗里，你就能立刻吃到美味的"巨无霸沙拉"了！对我来说，这种快速做菜的小窍门就能让我选择吃沙拉，而不是去餐馆吃饭。

3. 给自己多种选择。你家里是否有很多水果可以满足你对甜食的渴望？是否有坚果或其他方便吃的水果和蔬菜可做健康的零食？是否有好几种健康晚餐供你选择？加工食品总是比健康食物吃起来更方便，所以我很少买加工食品（买什么就会吃什么）。如果我既不买加工食品，又不在家里囤一些健康的食物，那我就只能去餐馆吃饭了（并指望餐馆会采用优质食材）。

要想用健康的饮食让自己感到满足 —— 这是一定可以做到的 —— 你就必须有足够的食物。你需要把这一点和第一条（计划怎样吃）结合起来。比没有足够的食物更糟的就是你买了很多健康的食物，但因为没有想好怎么吃而让这些食物坏掉了，从而浪费了你的时间、金钱和吃健康食物的动力。

你最主要的目标就是营造一个鼓励健康生活的居家环境，提高健康食物相对不健康食物的比例，计划好怎样吃，学会用自己愿意尝试的方法做菜。我很喜欢吃健康的食物，但我并不愿意每天花两个小时做一顿健康的饭。你如果愿意，那很好，但如果不愿意，就不要用这种办法让自己保持饮食健康。让一切保持方便、简单，你就能吃得很健康。

零食策略

有时候你根本不需要吃零食，而情绪化进食是人们在不需要零食的情况下吃零食的主要原因，而且很难克服，我知道这一点。

你可能以为我会让你控制情绪，以防止情绪化进食，但我不会。微习惯很有效，就是因为微习惯不依赖情绪操控。

控制情绪最聪明的做法是间接影响，如果直接和情绪对抗，你一般都会输。情绪是潜意识里的感受，不会因为你想让它消失就消失。要想有不同的感受，必须采取不同的行动。**感受本身不是一种**

选择，但受选择的影响很大。

每个人应该都在人生的某个时刻明白了一个道理：最好专注于你能控制的事情。所以，不要试图消灭怂恿你吃零食的情绪，而是要重塑情绪反应。比如，你可能在压力大或者伤心的时候就想吃薯片、冰激凌和巧克力。

两种情绪支持系统

做人不容易，你应该同意这一点吧。因为生活不容易，所以我们往往需要向其他人或物寻求支持。

有些人会从吃冰激凌、躺在沙发上、看电视等行为中得到支持，适度这样做没什么问题。但如果这是你主要、常用的治愈法，那你身上的肥肉肯定会变多。

你也可以从去健身房、吃健康食物、冥想等行为中得到支持，这种支持不仅更有效 —— 从长期看能增强而不是削弱大脑、身体和情绪调控的能力 —— 而且"过度"做这些事也没有负面影响。这些事你可以一直做下去。

我们为了达到目标（瘦身）而必须改变行为时，通常会想到必须放弃哪些有趣的东西，我们也的确应该这样想。但是我们也应该想到，自己会得到哪些东西。平衡的视角才是最佳视角。

我感觉最好的时刻，就是打过几个小时篮球之后，我感到放松，虽然很累但很舒服。我因为运动而开心，体内充满了内啡肽。运动可以减轻压力、改善情绪，冥想也有同样的作用。

马修·李卡德（Matthieu Ricard）被称作"世界上最幸福的人"。他认为，这都归功于冥想。李卡德是一名佛教僧人，在TED演讲中，他展示了同门其他僧人的脑部扫描结果，结果显示，这些僧人的左前额叶皮层活跃程度要高出四个标准差，而大脑的这个部位和幸福感有关。以这种标准衡量，僧人们的幸福感极高，因为他们经常冥想。类似冥想的活动能有效防止情绪化进食，因为这种活动能改善内在的情绪健康状态。

"我戒不掉零食"

零食当然可以吃，有什么问题呢？你又不是要绝食，让自己饿得半死。对零食的态度同样适用于晚餐。很显然，吃西芹比吃小蛋糕对体重更好，但如果你是因为饿了才想吃零食，那么不允许自己吃零食就太蠢了，因为少吃东西并不能（长期）瘦身，多吃健康的食物才可以。

有些人建议每天吃3~5顿饭，不吃零食。他们根本不了解我们这些吃货！友情提示：瘦身和吃零食可以同时进行。不必要的限制会引起反弹，不允许自己吃零食就是一个经典的例子，这样做会让我们最终抓起甜甜圈猛吃。

如果你决定吃不健康的零食，那就想好自己要吃多少，然后把这么多零食装进一个碗里。不要故意拿太少，这样你的关注点就错了。如果吃完之后你又去拿了一些，也可以，只要你是真的还想吃。但下一次要想好，你真正想吃多少东西。研究表明，与第一次就拿足够的食物相比，"吃完再拿"会让人们吃得更多。

确定自己想吃多少零食不是要人为地限制进食量，而是要避免无意识地伸手拿个不停。如果你要吃的是水果和蔬菜，那你吃完一整袋都可以，无意识地吃能帮你瘦身的东西没什么害处。但要注意，不要用有机蔬菜干和淋了糖浆的水果代替新鲜蔬菜和不额外加糖的水果。

分享一个很有用的经验：你应该因为饿而非无聊去吃零食。你吃零食，是因为你需要能量，不是因为你需要抚慰。如果很想吃零食，又没有感到饿，可以试试抵抗诱惑的微挑战清单，这些技巧能调节情绪。如果想吃东西是因为心情不好，那么这些技巧就能帮助你降低或消除对食物的渴望。

请记住，目标不是策略。你的目标是争取吃零食的时候不吃冰激凌或曲奇饼干，或者少吃一点冰激凌和曲奇饼干。你的策略是尊重你的渴望，不要试图消灭它。你要做出冷静、理智的选择，比如实践抵抗诱惑的微挑战，想好要吃多少零食，有意识地吃东西，吃饱了就停下来。如果这样做，你吃的不健康食品一定会更少。不要把这些忘了，然后又回到节食的思维模式上，不要想"天啊，我想吃薯片，我得抵抗渴望才能成功！"，这样想，你就会失败。直接抵抗没有任何用，目标不是策略。千万不要忘了这一点！

尽管如此，你也不能无视目标。你应该时刻意识到你的目标是吃得更健康。如果你不再关心目标，漫不经心地使用这本书里提出的各种策略，你就很难做出正确的事。有意识地关注目标，并有策

略地采取行动 —— 这就是成功需要的。

外出就餐策略

大多数情况下，经常去餐馆吃饭的人很难瘦下来。去餐馆吃饭是我最喜欢做的事情之一，我也经常去餐馆吃饭，但不是什么餐馆都去，什么东西都吃。餐馆里的食物很可能不够健康，很可能有不健康的添加物和过多的糖、盐、油。餐馆只关心食物好不好吃，而不关心食物是否健康，特别是在客人对使用了什么食材完全不知情的情况下（这一点有时候会惹毛我）。

客人一般不会问菜里有什么食材或营养成分。当食物还很简单的时候，这是很正常的，但是现在，人们特别关心自己吃的是什么，而餐馆是你必须"闭着眼睛吃东西"的为数不多的几种地方之一。

除非食物简单得一目了然（比如清蒸蔬菜），或者菜单上写明了所用食材（和未用食材），不然不要以为餐馆里的食物都很健康。现在，越来越多的餐馆会宣称其食物不含色素、人工调味剂和防腐剂，肉里不含抗生素等，但要小心，荤菜里可能还是会有过多的糖、盐和油。

查看食材

如果想去外面吃饭，我建议你先在网上搜一下"某某餐馆 食材"。很多餐馆不会公开自己采用的食材，但有些连锁餐厅会。你就算找不到确切的食材信息，也可能会找到一些关于食材的评论。你如果找到了食材清单，但不认识其中的某个东西，它可能是某种化学防腐剂或增味剂，如果食材清单特别长，也要保持警惕。

你如果关心体重，就需要关心食材。如果使用优质食材成为所有餐馆的标准，事情就好办多了，但是优质食材价格更高，而消费者很少询问关于食材的问题。餐馆要追求利润，因此有更强的动机选用便宜但味道好的食材。

比多久去一次餐馆更重要的是：

1. 去哪里吃

2. 点什么

一般来说，健康的餐食指成分简单的素菜（还有成分简单的荤菜，如果你不是素食主义者的话），最不健康的餐食含油炸食物、各种油和酱料（酱料是许多餐馆里的隐性增肥食物）。酱料味道很好，但几乎都含有大量不健康的油脂（大豆油）、糖和化学添加剂，且不会给你饱腹感。

对餐馆的食物了解更多，你就能更好地决定要多久去一次餐馆，以及选择什么样的餐馆和食物了。查一查你最喜欢的餐馆的食物质量。除了查看食材，还可以找找网上的菜单，看有没有什么健康的食物比较吸引你。

提出正确的问题

如果想点肉或鱼，问一下服务员这道菜是怎么做的，能烤就烤。

有几次，我不小心点了油炸食物，因为菜单上没写做法，我也没问。现在，只要菜单上没写做法，我都会问。

当然，这些都不是规则 —— 你可以吃任何想吃的东西。知道正确的做法和认为必须做正确的事是有区别的。知道这些细节很重要，因为你在餐馆吃饭时很容易把不健康的食物当成健康的。最糟糕的情况就是你以为你在吃健康的食物，其实它们并不健康。

关于态度的提醒： 吃优质食物不是瘦身的人"必须受的罪"或者"惩罚"。你刚刚读到的都是我在餐馆吃饭时的一些做法。我并不超重，只是关心自己的健康而已。有时候，我也会不查询食材就到一些地方吃饭，但我清楚我常去的那几家餐馆的食材。决定长期结果的，正是你最常做的事。

同辈压力策略

热狗的隐形力量

小时候，什么好吃我就吃什么（我会吃唇膏也是因为喜欢它的味道）。如果我现在还是这样，我可能会爱上热狗。当我看着一个热狗时，我看到的是充满防腐剂的加工面包，当我看着里面的香肠时，我想到的是用来做香肠的恶心的食材。

在很多文化中，谈论食材的现象并不常见。在美国，有些人会说："老兄，不就是个热狗吗？"不想吃对人体有害的实验室食品似乎很不寻常，为什么呢？你会听到很多故事，比如"我叔叔天天吃热狗，最后活了 88 岁"。这只能说明叔叔的生命力顽强，而不是热狗可以多吃。联想也有一定影响，而且是负面的。许多人最美好的回忆都和最糟糕的食物联系在一起：美国的棒球赛让人想到热狗，电影院让人想到超大杯软饮和一大桶撒了一点儿爆米花的咸黄油，难忘的派对和假期聚会上充满了不健康的食物。

这些联想对我们有多重影响。个人回忆加上社会意义上的联系（热狗和棒球赛、蛋糕和生日等），再加上目前的社交常态（和好朋友一起喝啤酒、和大学同学一起吃比萨饼等）——这些社交因素有着世界上最强大的影响，正是它们让我们变得更胖。

我如果说热狗从营养学角度看并不是好的食物，甚至可能会冒犯他人。也许他们从小就和父亲一起去看棒球赛，每次去都会吃热狗，而父亲去世后，热狗就成了关于父亲的回忆的一部分。如果我告诉他们热狗对身体多么不好，他们会认为我是在指责他们的父亲竟然让儿子吃不健康的食物，或是指责他们自己不该去吃热狗。这就是为什么食物不仅关乎热量、营养和质量，还带有文化、社会、回忆、情感、习惯和经历的烙印。食物质量只是关于食物的表层问题，却几乎主导了所有瘦身书的内容。但其实，我们潜意识中的其他因素才会对我们吃什么产生最大的影响。

想要不一样的结果，就要做不一样的事

2016 年的一项研究发现，只有 2.7% 的美国人的行为符合四项健康生活标准（不抽烟、体脂率正常、爱运动和饮食健康）。应该没

有人会对此感到惊讶。如果你出去应酬却不喝酒或软饮，把蔬菜当成零食，点一大份沙拉，别人会觉得你很奇怪，因为很不幸，吃真正的食物在很多人眼中不属于正常行为。

要想保有正常的体重，你必须做到和普通人不同，毕竟，现在很多国家的普通人都体重超标。有些人的思想正确，但做法错误。他们吃瘦身食品，喝瘦身饮料，饿着肚子拒绝吃饭，喝蔬果汁来"轻断食"。在美国，每年大约有 4500 万人节食，只有极少数能瘦身成功。你希望自己的成果不仅和体重超标者不同，还要和节食者不同，这就意味着你必须用和身边几乎所有人都不一样的方法来瘦身（微习惯就是不一样的方法，而且很有效）。

理论容易，实践难

近年来，关于食物营养的信息越来越多，许多人也在努力改变。比如，2015 年，美国碳酸饮料的消耗量达到了 30 年来最低，无糖饮料的下降幅度最大（太棒了）。这说明还有希望，一部分人在慢慢看清加工食品的真面目，发觉这种在实验室里合成的食品问题很大。

尽管人们对食物的了解越来越多，也知道自己应该怎么做，还是只有极少数人能做到改变长期行为。大约 25% 的美国人每天吃快餐，2015 年美国的快餐销售额超过 2000 亿美元，而全球范围内的快餐销售额不过 5700 亿美元。这可不是小数目。

因此，这本书力图改变一切。书中提出的策略十分强大，能给予你力量，让你在席卷全球的超重浪潮中逆流而行。

应对同辈压力

我们已经讨论过想保持健康生活会遇到多大的阻力（非常大），下面就讲一讲应该怎么做。首先，如果你要和某个人做朋友，就必须过不健康的生活，那么这种友谊从本质上来说就是不健康的。真正的朋友不会因为你做出正确的决定而指责你，让你觉得这样做不好。用微习惯逐渐改变行为时，你依然可以保持友谊，但是要明白一点，任何生活方式上的改变 —— 就算是循序渐进的 —— 都能影响到你的人际关系。

每当你的饮食决定受到身边人的影响，你就问问自己当前什么更重要 —— 是自己的健康还是合群的需求。我没有讽刺的意思，我不是在暗示你"应该永远选择自己的健康"。有些时候我们更愿意融入群体，而不是只顾自己的健康，这没有任何问题。但如果你无法自己做出决定，同辈压力每次都占据上风，那才有问题。如果你经常屈服于同辈压力，那么你需要练习如何更加独立地做出选择。你的同辈不需要按你的选择生活，只有你自己需要。下面介绍了一些应对同辈压力的办法。

从意愿而不是义务出发。 人们几乎总是会尊重意愿。如果你不想吃某种东西，别人一般不会极力劝你去吃。但如果你"不能吃"，因为你在"瘦身"，那么他们就会怂恿你去放纵自己。顺便说一下，人们想让你和他们一起放纵自己的原因之一，就是这样一来他们对自己不健康的生活方式会感到安心一点儿。

如果你点了沙拉，其他人都点了炸鸡和薯条，你的沙拉就会让其他人质疑自己的选择（或为自己的选择感到惭愧）。其他人吃着油炸食品享受生活时，你碗里的生菜就好像是在教训他们。

假设你不管朋友点了什么，决定选择更健康的食物（做得好），然后一个朋友对你的选择评论了几句或者提出了疑问（这种事会发生的，因为生活中选择健康饮食的人并不多），你会怎么回答？

最糟糕的做法就是，你表现得好像不吃巧克力蛋糕其实不是你的自主选择一样。这样做是在向权威求助，从而推卸自己对这个决定的责任，就好像你可以以此免受问责，因为你不过是在"服从命令"。但是，其他人反而会因此做出错误的反应。如果我是你的朋友，你告诉我，某个你臆想出来的虚无的权威不让你吃这吃那，那我可能会想把你从这个权威手中解救出来，让你不受它的控制，好好享受生活。你这样做就暗示了你其实是想吃蛋糕的，但是选择权不在你，而你可能也想反抗这个虚无的权威。没人喜欢不许人享乐的警察！

如果你自信地说你就是不想吃巧克力蛋糕，那么你的朋友就没什么理由和你争辩了。对于饮食选择，你的个人意愿就是你的最高权威，大多数人都本能地理解并尊重这一点。如果还是有人劝你，你就继续坚持表示你想吃什么（或不想吃什么），就是这么简单。你不需要为不吃甜食找"我在瘦身"这种借口，你自己就有很多不吃甜食的理由。

正确、有力的回答：

"我不想吃（某某不健康食物）。"

"我真的很想吃（某某健康食物）。"

"比起（某某不健康食物），我更想吃（某某健康食物）。"

苍白的回答：

"我不能吃（某某不健康食物），我在瘦身。"

"不，谢谢。我要小心不能长胖了。"

"我必须吃（某某健康食物）。"

不要把自己的健康选择强加给他人。 吃健康食物时，你能做的最好的事就是让其他人知道，你没有因为他们的饮食选择而指责他们（你也不应该指责他们）。人们吃什么都是个人选择，与道德无关，也与其他人无关。如果有人说我的食物看起来很健康，那可能是因为他们对自己的选择感到有些羞耻，所以我经常会称赞他们的食物，或者说我有时候也吃这些东西。这是真的，我说过，和大多数人一样，无论多垃圾的食物我都吃过。仅凭一顿饭就对某个人做出判断毫无道理可言，也没有任何好处。

如果想鼓励别人吃得更健康，增加罪恶感不是办法。没人喜欢别人对自己吃什么指手画脚。就算是出于善意，鼓励别人吃更健康的食物，也可能是在暗示他们之前吃得不健康。对很多人来说这是个敏感话题，所以要小心。最好的办法就是想想这本书让你怎样看待食物 —— 没有哪种食物是绝对糟糕、错误、不该碰或不合格的。

有些食物对健康和体重非常不友好，但我们有权选择吃这些食物。如果你从这本书中只领会了这一点，然后决定整天躺在床上吃蛋糕，并不觉得自己做得不对，这是你的选择，我不会指责你。你如果想获得持久的成功，需要依靠自由、选择、赋权和自我意识，而不是罪恶感和羞耻感。

总之，应对同辈压力的办法就是互相尊重。要求他人尊重你的饮食选择和愿望，并对他人报以相同的尊重。

派对和假期策略

放假是大事，不仅对生活来说大，对瘦身来说也大。得州理工大学的一项研究发现，美国人在六周长的假期中体重增加约1.5磅，是全年体重增加值的75%。一年两磅听起来不多，但20年后就会增加40磅。

因此，假期里增加的体重看起来不多，但是极大地威胁了你的长期瘦身计划。在假期和派对上的行为十分重要，在这些情况下，你最有可能做出不明智的决定，因为周围全是糟糕的食物，充满了同辈压力，还极有可能出现"特殊场合"效应。

派对零食心理

想象一下你在参加派对，周围全是各种零食，有些健康，有些不健康（如果你所在的派对上有健康的零食，那可能是你自己带来的）。看着蔬菜和曲奇饼干，不要有非此即彼的想法，这会导致反抗心理。不要想"要么吃蔬菜，要么吃曲奇饼干"——想想怎样把吃甜食和达到健康目标结合起来，并尽最大努力"向健康靠近"。饮食习惯健康和糟糕的两类人之间的差别可能并没有你想象中那么大。一类会向健康靠近，另一类会向不健康靠近。一类每月体重不会增加，甚至可能会减少一点，包括在假期；另一类在假期会长胖一磅。久而久之，微小的选择会累积成巨大的改变。

假期是特殊场合，但不是特殊饮食场合。让假期变得特殊的不是食物，或者说，不应该是食物，否则，放假就和去一家不错的自助餐厅没什么两样了。

尽量不要把享受假期和食物、啤酒联系起来。我不是说你不能吃任何不健康的东西，而是提醒你，不要想着"哦，放假了，我能敞开肚皮吃"而放弃对饮食选择负责。如果你真的开始改变 —— 每天的微习惯会帮助你做到这一点 —— 你的健康生活方式就不会每年只持续 46 周，而是会持续一整年了。因此，假期能很好地检验你在改变行为方面真正走到了哪一步。每到假期，节食者都会感觉痛不欲生，因为他们知道他们"应该"做什么，但是不想这样做。而改变了潜意识偏好的人，不会像以前那样渴望不健康的食物了。

告诉人们成功需要增强意识和持续行动时，很难不给人一种"你再也不能享乐了"的印象。我知道，节食已经让所有人都倾向于产生一种"我不能做某某事，因为……"的思维方式，这种思维方式行不通。真正的改变意味着，你不再想做某某事了。

派对策略

参加派对时，你不需要"小心""保持警惕"，这样想会给你错误的暗示，让你再次回到直接采取抵抗措施的节食道路上。在派对上要保持冷静，运用策略，和自己协商，做一些交易，增强意识。比如，你和自己协商吃一点儿糖果，但是只喝水；或者喝酒，但是零食只吃胡萝卜和西芹。这些味道都不错，你很冷静，你赢了。

决定吃什么和吃多少的时候，一个最好的、根本的、帮助你做出决定的思维方式就是只关心自己的身体和健康。只考虑这一点就能让你真的不再想吃某些不值得吃的东西了。我不怎么吃糖果，因为我知道糖果会对我的身体产生什么影响，我也讨厌这种感觉。如果有些食物 —— 比如巧克力蛋糕 —— 让你认为就算对身体不好也值得吃，你可以去拿一块，然后慢慢地、带着意识地、没有羞耻感地去吃。

面对这块巧克力蛋糕的时候，你可能会有下面几种态度：

1. 匆忙、急躁、充满压力地吃掉它。这是由诱惑引发的行为。你一直在抵抗渴望，直到最后投降，迅速把蛋糕塞进嘴里。吃蛋糕给你带来的满足不仅来自蛋糕的糖分和味道，更来自抵抗结束的轻松感。

2. 正常地吃掉它，但是有羞耻感和挫败感。

3. 不吃，感到被剥夺了生活的所有乐趣。

4. 慢慢地、有意识地、愉悦地吃掉它，不带羞耻感地享受每一口蛋糕，意识到自己满足了就停下来（就算盘子里的蛋糕还没吃完）。

永远不要忘记，瘦身的敌人是加工食品，为瘦身而改变行为

（这也是最重要的事）的敌人是无意识进食、羞耻感、不持续和最终
放弃。

有意识进食的表现：

- 如果不想吃不健康的东西，就不吃。

- 只是"有点儿"想吃不健康的东西，先等待，直到变得很
想吃。

- 吃不健康的东西时，好好品味每一口，比任何人都享受。

无羞耻感的表现：

- 吃不健康的东西时，不容易暴饮暴食。

- 吃了不健康的东西也不会影响下一次的决定（会做出正确
决定）。

- 吃了不健康的东西之后，对瘦身依然坚定、自信，不会感到
挫败或难受。

有持续性的表现：

- 如果能持续吃健康食物，偶尔吃不健康的食物不会对你的成
功产生任何影响。

- 当你持续以新方式行动，你会养成习惯，变得更喜欢这种新
的行为方式。

- 当你持续成功，你会期待自己成功，并表现得像个赢家。

永不放弃的人最终会获得成功。所有成功事例中都包含"持之
以恒"这个必要条件。就算你每天都能成功完成微习惯，你也免不
了有状态不好的时候。减轻在这些时候感受到的负面心理影响至关

重要，要做到这一点，就要把上面提到的所有因素和永不放弃的韧性结合起来。

　　带着冷静、有策略的思维方式去参加派对，你就会成为既能玩得开心又能保持进步的少数人之一。久而久之，你会做出更好的选择，进而拥有更健康的喜好。

WEIGHT LOSS

第 10 章

结语

你试过很多次了，再试这一次又何妨？

人皆知我所以胜之形，而莫知吾所以制胜之形。

——孙子

新的思维方式

每天一个俯卧撑让我变成了一个经常运动的人。做俯卧撑的微习惯将持续性放在第一位，从而改变了我的大脑，让它熟悉了运动。这种微习惯用早期的成功增强了我的短期和长期动力，让我开始每天运动，从而将基于惯性的进步最大化。它也确保我每天都能成功，从而鼓舞了我的士气。有些人只看到一个俯卧撑的战术，可能会把它和"每天100个俯卧撑挑战"之类的口号相提并论。只看到表面的战术，不去思考深层的策略，通常会让人们做出错误的选择。"每天100个俯卧撑"背后的策略，相比之下不堪一击。这种策略旨在快速取得进步，让动力像滚雪球一样越来越强，但几乎总会受到阻碍，因为大脑要花很长时间才能改变。动力是变化不定的，意志力是有限的，而且生活无法预测。

大多数想瘦身的人会采用各种形式的节食方案。节食背后的策略是一些不瘦身的人不会做的极端行为（比如人为造成热量短缺），从而达到瘦身目的。身体和大脑会用我们意想不到的方式对这种改变进行反击，所以你就算完成了计划，也可能无法达成目标，就像你在前言里看到的那样。这种策略就是这么糟糕 —— 哪怕你完美地执行了计划，你也会失败。极端的改变不仅不是瘦身必需的，而且还会起反作用。

我们在本书中讨论的新的思维方式提出了重要的一点：瘦身和行为改变最好逐渐推进。改变如果是润物细无声的，就不会触发大脑的反击，让我们重新捡起之前的习惯，也不会触发身体的反击，让我们的体重反弹（并继续长胖）。我们会在逐渐改变行为和饮食偏好（二者由习惯决定）的过程中有条不紊地让体重设定点变得越来越低。

此外，我们还明确了瘦身和碳水化合物、脂肪、热量无关，而和食物的质量有关。单独考虑其中任何一个因素都是过度简化的错误行为，尽管这种做法很流行。每种宏量营养素都有不同的类型，对身体的影响也有巨大的不同。橄榄油和椰子油是健康的油脂，反式脂肪和很多植物油是不健康的。水果和蔬菜里有健康的碳水化合物，薯片、苏打饼干、薯条等超加工食品是不健康的碳水化合物。任何人都可以指着一种含有不健康油脂或碳水化合物的典型食物说："就是它！都是脂肪（或碳水化合物）的错！"这就像遇见一个刻薄的人后就下结论说所有人都很刻薄一样，属于以偏概全。观察性研究结果不断表明，脂肪、碳水化合物、热量有时候有好处，有时候有坏处，一切取决于食物的质量如何。

有些人说，我们就是吃得太多了。但如果这种说法是真的，那为什么我们会吃这么多？难道我们的祖先更善于计算热量或者买无糖小蛋糕吗？真正重要的因素是饱腹感、满足感、微量营养素和植物营养素。比如有两种食物，热量都是 100 大卡，但其中一种食物的重量是另一种的 14 倍，而且每一大卡的饱腹感更强，怎么能说重要的只有热量呢？一大卡草莓的重量是一大卡薯片重量的14倍，如果有人还相信计算热量有道理，我建议那个人亲自用"草莓薯片挑战"去检验一下这个理论。

草莓薯片挑战

进行这个挑战的风险需要你自己承担，我不建议你去尝试。

第一天，拿一包8盎司的薯片，看看自己能吃多少。我估计我能一口气吃完一整包。第二天，拿7.2磅的草莓，看看自己能吃多少。一包薯片的热量约等于7.2磅草莓的热量，所以如果只是"计算热量"，吃薯片还是草莓就没什么区别，对吗？等等，怎么了？吃7磅草莓要把你的肚子撑破了？免责声明：不要在家里尝试这个挑战……在其他地方也别试。

要是有人跟你说计算热量最重要，就让这个人去试试这个挑战。如果这个人拒绝，或者找借口说"少吃点儿薯片就行了"，那么你可以告诉他/她，每一大卡的饱腹感比单纯的卡路里数更重要（微量营养素也很重要，但是微量营养素不如7磅草莓直观，所以就先不把问题复杂化了）。计算热量也许会既让你饿肚子，又毁掉你的新陈代谢。吃能让你吃饱又有营养的健康食物，这就是正确的做法。

总结一下本书介绍的新思维方式：不要关心碳水化合物、脂肪、蛋白质、热量，只关心食物的质量就行了。只要吃优质食物，其他的都会水到渠成。现代社会沉迷于加工食品，在这种环境下吃到优质食物并不容易，但总比计算热量、碳水化合物和脂肪容易一些。我们不需要做数学题。我喜欢数学，但不喜欢计算热量。

微习惯瘦身的8条神圣法则

请不要违反下面这些法则，否则成功的可能性会大大减小。

1. 不节食

不要节食，也不要把节食称为微习惯。微习惯是微小、简单的挑战，不会让你说："对不起，我不能吃这个，我在瘦身，只能吃沙拉。"节食行为强迫你去吃健康的食物，微习惯策略却会以温和的方式教会你去享受健康的食物。

2. 不限制不健康的食物，不剥夺满足感

身体习惯了某种饮食方式后，如果要强行改变，有95%的可能性会失败（这是一些科学研究得出的节食失败率）。如果你非常渴望吃一个汉堡，想想这句话，试试书里提出的面对诱惑的策略，看看有没有用，如果渴望还是很强烈，那你最好去吃并充分享受这个汉堡。

这种渴望可能会让你感到灰心，因为你想取得进步，但你其实依然可以取得进步。可以每口食物嚼30下，喝水，看看能不能把汉

堡的面包换成生菜，这些是战争之中的战役，最佳选择不一定是最极端的选择。就算你输了这次战役，和打赢整场战争相比，一次战役也就没那么重要了。我们再也不是盲目作战，而是选择自己能赢的仗去打。耐心和精心布下的策略才是取胜之道。

想少吃垃圾食品，办法就是无条件地允许自己吃垃圾食品，然后使用策略帮助自己做出更健康的决定。把渴望得不到满足的感觉留给节食的人。如果用微习惯瘦身策略的时候你感到不满足，那么你要么是做错了，要么得根据自己的需要进行调整。

我不是说只要想吃不健康的东西就要随便去吃。如果你想吃汉堡，同时也很想吃三文鱼和蔬菜，那就去吃三文鱼吧。这样做不是去压抑无法控制的渴望，而是在两种渴望中选择更好的那个。

3. 不要有羞耻感

没有理由为了自己体重多少、吃什么而感到羞耻。两口吃完一块比萨不是犯罪，也没有毁掉成功瘦身的希望，更不是做了什么"错事"。食物无关道德，也就是说，食物和道德之间没有联系（涉及宗教因素的情况除外）。

吃汉堡、薯条、糖果、小卷心菜、法式洋葱汤、培根、喝碳酸饮料应该都不会对你怎样看待自己产生任何影响。想一想，几乎所有人都吃过几乎所有类型的食物，为什么只有你要为吃了某种食物而感到不安呢？这说不通。这种食物其他人也吃过。我是养生狂人，但我也吃过各种极其糟糕的加工食品。在20世纪90年代，有一段时间流行过一种叫 Surge 的碳酸饮料，当时我天天喝，仿佛喝了它就会有超能力一样。这种饮料里的糖和咖啡因比大多数碳酸饮料里的都多，所以有时候的确感觉像有了超能力。

食物让我们维持生存，也会让我们愉悦，除了我在泰国吃的蟋蟀。你的邻居吃的油炸食品依然会提供让他们生存下去的能量。

你可以在完全明白某种食物对你的身体有什么影响的情况下不带有羞耻感地去吃这种食物。抛弃了节食心理后，这一点会更容易做到。如果以前的节食心理又出现了，你可能需要提醒自己这一点。也许你还需要故意地、自信地去吃不健康的食物，以向自己证明吃不健康的食物不是犯罪。你有瘦身的计划，但你的计划和那些行不通的计划完全不同。你的计划扎根于个人自由、自主和掌控力的基础上。没有任何食物会受到限制。

现在就下决心丢掉对体重和食物的所有羞耻感吧，没有了羞耻感，你会感觉轻松了 100 磅！

4. 要当船长，不当水手

这一点很重要。许多人读了介绍方法的书以后会按照书里提供的方法行动，希望能以此取得成功。但在实践微习惯策略时，你得自己掌握主动权。你要成为领袖，用这本书作为指导，自己做出改变。最杰出的领袖都有参谋，这本书就是你的参谋。你才是发号施令的人，过的是你自己的生活。

如果你自降身份，成了水手，你就会听从指挥，而不是去理解策略背后的道理。借助微习惯策略取得最大成功的人是那些"吃透了"微习惯的人。他们看到了是什么道理在起作用,比如微小、不可察觉的改变不会引起身体和潜意识的反击,比如羞耻感会击垮我们,而小小的胜利会鼓励我们,比如自主性会赋予我们权利,让我们达到新的高度,而规则不断打压我们,直到我们奋起反抗,再比如持续性比什么都重要,因为持续行动会塑造我们的习惯偏好。

船长和水手有一个最明显的区别:船长根据需要做出改变,水手只会服从命令。船长一般更有雄心,更有可能完成超额任务(超额任务是微习惯策略最让人振奋的一点)。

你可以自由地按自己的意愿生活,你也拥有了强大的策略,它可以帮你成为更好的自己。这是一个会让你终生受用的策略,因为你没有放弃自由。你在让人生变得更有力量,不是为了得到结果而听从命令、自我剥夺。船长,掌好你的舵吧。

5. 永远不要停止自我协商和制定策略

当你说"我不管了"并开始暴食的时候,你就输了,不是因为你想吃完整个芝士蛋糕,而是因为你让自己渴望瘦身的"严苛"的一面凌驾于受欲望驱使、热爱芝士蛋糕的一面已经太久了。为了瘦身成功,你必须在意识和潜意识两个层面都同意自己的决定。你做出的决定既要支持你变得更健康,又要提供你需要的欲望上的安慰。

出乎意料的是,阻止反抗不能通过强力(比如意志力),而要让反抗看起来小到荒唐可笑。人们不会反抗他们喜欢的东西。一定要让自己喜欢上正在做的事。微习惯策略本来就应该适合所有人，但你也完全可以进行"私人定制"，以更好地满足你的需求。但要小心，不要把瘦身计划定制为充满规则和限制的普通节食计划，这也是为什么深度理解微习惯相关概念对取得成功至关重要。

6. 依靠你的"健康之星"

记下你喜欢的健康食物，这些就是你的"健康之星"，你可以依靠它们走向成功。如果你不是很喜欢蔬菜，但特别喜欢西蓝花，那就多吃西蓝花。如果你喜欢把胡萝卜当零食，那就经常吃胡萝卜。如果你喜欢芦笋的味道，那么家里就常备芦笋。

节食的人往往会强迫自己吃不喜欢的食物。有些食物需要你慢慢适应，所以不时吃一些不喜欢的食物不是什么坏事，但不要把这种行为当成主要策略。你可以通过选择喜欢的食物来规避"瘦身就要受罪"的思维方式。如果你觉得自己什么健康食物都不喜欢，那就继续寻找。你还没试完所有食物，而且很有可能是在把健康食物和加工食品相比，毕竟吃了很多加工食品后，健康食物似乎就没有吸引力了。不要把吃健康食物当成一种替代行为，要当成经常做的事。越是经常吃健康食物，就会越想吃健康食物。

7. 持续努力

微习惯是微小却有着巨大影响力的行为，能改变你的生活。虽然微习惯的效果好到仿佛带有魔力，但你不能说："好吧，我做了一个俯卧撑，却什么用也没有。"说这句话的人对成功漠不关心，希望不努力就能取得成功。为了让微习惯策略起作用，你还是需要努力，就像用其他策略一样。用微习惯策略要付出的全部努力比用大多数策略需要付出的努力更少，但努力还是必要的。

8. 不要错把目标当成策略，合理利用二者

目标是你想去的地方，策略是你计划抵达那里的方式。

加工食品非常不好，让想瘦身的人头疼，所以我们的目标是不再吃加工食品。但最好的策略不是"不再吃加工食品"，因为"禁止垃圾食品"会让你在不吃的时候感到很失落，在吃的时候感到很羞耻。

目标不等于策略，但目标依然重要。把目标当成策略很糟糕，同样糟糕的是忽视目标，随心所欲地使用策略。如果你只是吃了一根胡萝卜，就消极地等待好运降临，因为"策略应该有作用"，那么你其实没有好好思考过你最初的目标 —— 过得更健康。

知道目标是什么，并能用聪明的策略完成目标，你就会变得越来越好。目标给你方向和渴望，策略让你以最好的状态去完成目标。下面是一些例子。

错误（把目标当成策略）："我想戒掉碳酸饮料，所以我不能再喝碳酸饮料了。"

正确："我想停止喝碳酸饮料，我的策略是允许自己喝，但在家

里备好各种健康的饮料，每次想喝碳酸饮料时，我就做几个面对诱惑的微挑战，比如喝一杯泡了青柠檬的水。"

错误（忽视目标，不走心地使用策略）："每天下午3点我都要吃一根胡萝卜，因为斯蒂芬说要这样做。"（这样可能有用，但不是最好的态度。）

正确："我想通过多吃蔬菜来瘦身。我的策略是每天下午3点吃一根胡萝卜，从而逐渐减少我对吃蔬菜的抗拒心理。我也可以在某些天多吃几根胡萝卜，或者吃一些其他蔬菜，也许这样做会鼓励我在接下来的一天都做出健康的决定。最开始的一小步应该消除我平时的抗拒心理，让我走上正确的轨道，而每天这样做能让我养成吃胡萝卜的习惯。"

微习惯瘦身策略总结

本书信息很多，你可能在想要怎么把这么多内容整合起来。让我们把镜头拉远，看看书里能够实际应用的部分。

微习惯瘦身策略有四个组成部分，其中三个为选做，一个是每天必做的。这些内容我们都详细讲过了，下面是对所有内容的简单回顾。

每日微习惯（必做）：选择1~4个微习惯每天完成，要选择适合你的性格和生活方式的实施计划（在"微习惯计划"这部分中有介绍）。这些要每天完成的微习惯是改变过程中最重要的部分，因为微习惯是持续进步的基石。微习惯做起来很容易，状态不好的时候也能完成，所以持续完成微习惯不仅可能，而且可能性很大。每日微习惯是整个微习惯策略中唯一必做的部分。你如果想成功，就必须每天完成预定的微习惯。既然是必须完成，提醒自己这些事有多么简单可能很有用，不然你会感觉被控制，想要反抗。如果在实践微习惯的时候有抗拒心理，想想下面这几条建议：

1. 想象一下去做这些小事有多么容易，让自己有画面感。

2. 不要把你的目标和其他任务相比。

3. 对任何程度的进步都心存感激。

4. 不要管周围的环境，进步的取得很少有依靠天时地利的情况。

5. 永远不要低估一个微小而正确的决定能对你的生活产生什么样的短期和长期影响。

如果能将这种思维方式内化，你就会变得越来越好。除了微习惯，策略的其他部分也在改变你的思维方式，下面的选做策略可以帮助你。

面对诱惑的策略（选做）：我在"情境策略"一章中介绍了面对诱惑的策略，这个策略很宽泛，涵盖所有情境，目的是减轻羞耻感，缓解渴望，让你能做出更好的决定。要做到这三件事，你需要完成微挑战。这个策略很聪明，因为就算你"输了"，就算你放纵自己，你也会变得更强大。你不可能今后完全拒绝加工食品，所以任何让你这样做的策略（包括你读过的所有瘦身书）都没有用。

面对诱惑的策略是选做的，你不一定每次受到诱惑时都要使用这个策略。你的目标是做出更健康的选择，这个策略就是帮助你完成目标的工具。如果我建议你把这个策略当成必做的，那就会影响你的整体微习惯策略。如果你要求自己每次面对诱惑都使用这个策略，但实际上又没有做到，那么你可能会认为自己失败了，或者认为整个微习惯策略都没有用，然后不再实践微习惯。显然，必须防止出现这种局面，因为微习惯是最重要的，这个策略只是额外的加分项。

尽管如此，这个策略依然很强大，我建议你多使用它。如果你没有经受住食物的诱惑，没有用上这个策略就去吃了，也不要感觉失败了或者"搞砸了"。面对诱惑的策略是选做的，但我会把这个策略放在其他选做策略前面，因为渴望和诱惑对饮食有极大的影响。

情境策略（选做）：生活给想瘦身的人提出了很多难题，在某些情境中，你会发现很难做出有利于健康的决定。大多数人努力用意志力来解决这些难题，效果还不错，直到意志力消耗殆尽。既然意志力有时会失灵，那就最好用一些不管意志力和动力如何，效果都会很好的策略。

在"情境策略"一章中，我们谈论了一般的诱惑、六种常见情境以及适用于每种情境的策略。你可以把这些内容作为参考，比如在去参加派对之前可以看看"派对和假期策略"。不同的策略适用于不同的情境，比节食更有针对性。节食无视生活中的各种实际情况，要求你"不管怎样"都要遵守规则。

微挑战（选做）： 可以根据具体情况选做这些有趣、简单的挑战。这些挑战有点儿像各种情境策略，但针对的是运动而不是饮食。

如果某个微挑战涉及你每天都做的事，你可以把这个微挑战变成你的运动微习惯。比如，你每天都看电视，那么就可以要求自己每天都完成"电视挑战"，或者说"电视广告挑战"。这比普通的运动微习惯更难，因为一天要做好几次。三个小时的电视中可能会插播 24 次广告，那么你就得每天站起来活动 24 次。这样每天要做的量非常大，站起来活动一次很容易做到，但是要做这么多次会让人有点儿畏难，所以我建议大多数情况下，把这个策略作为选做部分。

比如，在公司，如果你每天都要选择是走楼梯还是坐电梯，那么你可以选择一个微习惯依据，把这个选择变成微习惯。可以在上下班的时候走楼梯，去吃午餐的时候坐电梯。同样，也可以在看电视之前完成运动微习惯，插播广告的时候就不运动了。是否要把这些挑战变成必做的，取决于你是否经常处于这种情况下，以及整体的"微习惯负担"重不重。微习惯太多可不是好事。

一定要把每天必做的微习惯和选做的活动安排得让你觉得舒服。你的计划可以有轻微的挑战性，但是每天都能成功比"挑战自我"这件事更重要，因为每天都能成功会让你养成习惯，而习惯能让你更经常挑战自我，做难度更大的事，同时排除了彻底失败的风险。

习惯会确定你在状态最差的情况下能完成的最小值。比如，我状态最差的时候每天最少也能写 50 字，因为我的微习惯就是"每天写 50 字"。由于我的写作微习惯已经持续了两年多，我已经养成了写作的习惯，所以我在状态最差的时候实际上最少也能写 1000 字左右。其他人——包括实践微习惯策略之前的我——一开始的目标就是"每天 1000 字"之类的高难度挑战，便常常无法完成目标，或者因为太累而放弃。我的目标是做到持续行动和养成写作习惯，所以现在我每天写 1000 字算是正常水平，甚至是偏低水平，放在以前可是"了不起的成就"。习惯的力量就是这么强大。

这些微挑战（以及微习惯）有一个很有意思的地方，就是只要做了一点点积极的事，我就会感觉特别好，这一点对取得成功而言非常重要。当我回家的时候走了楼梯而不是坐电梯，我就会感觉非常非常好，好到应该有个人来扇我一巴掌，说："老兄，只是走了个楼梯而已，淡定点儿。"这听起来有点儿傻，但你会明白我的感受。积累这些小小的成功令人上瘾，还会给人回报，而这就是整个策略的根本。

写在最后

现在，你有了能帮助你完成目标的策略，你现在可以使用这些策略，7 年后也可以使用，因为这些策略就是为了终生受用、助人成功而设计的。如果你试过急躁的、靠动力驱动的快速瘦身法，你就会知道结局如何。如果你试过一夜之间改变饮食结构，你也会知道结局如何。试试微习惯吧，你会看到不一样的圆满结局。

为了做出真正的、持久的改变，我们需要让改变得以持续，且不会变得越来越难，而是随着大脑的适应变得越来越简单。等到那个时候，你不需要按照任何计划行事，只会以新的生活方式生活。

永久瘦身是可能的，但无法通过节食做到，必须通过微小、持续的改变做到，这种改变要符合身体和大脑做出改变的规律。如果一种行为"小到不可能失败"，简单到你在状态最差的时候也能做到，那么还有什么能阻止你去做这件事呢？没有，也就是说，没有什么能阻止你改变行为，并变得更健康。

微习惯瘦身策略是由成功和实践驱动的。太多人给自己定下了不能达到的目标，这样是徒劳的。我们之所以变得越来越好，是凭借练习如何成功完成目标，而不是通过在过高的目标前失败。想象一下每天都能成功，而不是只在有动力的时候成功；想象一下每天都变得更自信；想象一下明年成功瘦身，同时还不用担心会反弹，因为你是在由内而外地改变，而不是用强力、只在意识层面、通过消耗意志力、由外而内地通过节食改变。

这是你尝试一种长期有效的瘦身策略的机会，我希望你能抓住它。只要用了微习惯策略，你就不会想用以前的瘦身方法了。最后，祝你的瘦身之路和人生之旅一路顺风。

斯蒂芬·盖斯

图书在版编目（CIP）数据

微习惯.瘦身篇 / （美）斯蒂芬·盖斯著；周天习
译. -- 上海：上海文化出版社, 2020.10
　ISBN 978-7-5535-2016-2

　Ⅰ. ①微… Ⅱ. ①斯… ②周… Ⅲ. ①习惯性—能力
培养—通俗读物②减肥—通俗读物 Ⅳ. ①B842.6-49
②TS974.14-49

中国版本图书馆 CIP 数据核字 (2020) 第 096036 号

出 版 人　姜逸青
策 　 划　后浪出版公司
责任编辑　赵　静
责任监制　王　頔
特约编辑　刘昱含
版面设计　凌梅燕
封面设计　柒拾叁号 15810257834

书 　 名　微习惯·瘦身篇
作 　 者　[美] 斯蒂芬·盖斯
译 　 者　周天习
出 　 版　上海世纪出版集团　上海文化出版社
地 　 址　上海市绍兴路 7 号　　200020
发 　 行　后浪出版公司
印 　 刷　北京盛通印刷股份有限公司
开 　 本　889×1194 1/32
印 　 张　9.5
版 　 次　2020 年 10 月第 1 版 2020 年 10 月第 1 次印刷
书 　 号　ISBN 978-7-5535-2016-2/G.327
定 　 价　42.00 元